増補版

山造り承ります

島崎洋路

増補版　山造り承ります　目次

プロローグ　再生への願い

第一章　山を担うべき人

第二章　山造り承ります

第三章　逆風を越えて

第四章　山造り入門

エピローグ　林政立て直しの道筋

装丁●河原田啓子

プロローグ　再生への願い

「とにかく大変な時代を迎えているな」というのが、ここ十数年来の私の実感である。

昭和二〇年、敗戦直後の晩夏、復員兵の一人として伊那の駅頭に帰り立って以来、よもやこの半世紀あまり山のことどもにかかわろうとは思いもよらなかったが、古稀を経た今日、しみじみと冒頭に掲げたような世の中に対する危機感が、山の荒廃を通して募っている。

環境問題が強く問われはじめてすでに一〇年、二〇年にはなろうが、状況の悪化は募るばかりで、一向に改められる気配はうかがわれない。後始末の伴わない科学技術の進展、際限を知らない文化の展開、より高いこと、より大きいことへのあくなき希求。決して日本人本来の姿とは思われない、とんでもない社会が日進月歩しているのである。浅才の身ゆえ、思いのすべてに及ぶことはできないが、せめてかかわりの深かった日本の山の姿を赤裸々に訴えてみたい。

世界の状況と日本

一九九九年、世界の人口は六〇億人の大台を超え、二一世紀の半ばを待たずに一〇〇億人に達することがほぼ確実視されている。先進諸国ではすでにおしなべて安定的な人口変動にとどまっているが、世界人口の八〇%を占める後進地域や発展途上国での高い人口増加率に歯止めがかからないためである。

ひるがえって日本の場合はどうか。世界一の長寿化によってなおしばらく人口増加は続くものの、少子化・未婚化などの影響によって、二〇〇六年に一億二七〇〇万人のピークに達した後は漸減期に転じ、二〇四五年頃には一億人を割り、世紀末の二〇九〇年頃には六〇〇〇万人台へと、現在の半分にまで減少することはほぼ間違いないといわれている。現実に人口が減りはじめると、すでに問題になっている年金破綻どころではなく、労働力の減少、消費の低迷、税収の減少、産業の空洞化等々、国民経済は萎縮し、国そのものの存亡すら危ぶまれる事態が待っている。

エネルギー源については、いま地球上で採掘可能な化石燃料の寿命は、昨今の消費量で石油が九〇年、天然ガスが六〇年、原子力発電用のウラニウムが八〇年ほどと見込まれている。ところが、今後の世界人口の激増や途上国などでの近代化が進むと消費量の増大は必然で、これらエネルギーの寿命はそれぞれ半減する見通しである。生活用であれ産業用であれエネルギー源の大部分を外国産資源に依存して繁栄しているわが国にとって、二一世紀の前半はきわめて厳しい状況が待ち受けている。

昨今の地球環境をめぐっては、温暖化、オゾン層の破壊、酸性雨、熱帯林を中心とした森林の劣化と減少、野生生物の減少、砂漠化等々、人類が生存していくため早急に対応しなければならない課題が山積してきており、その多くが森林の取扱いと深くかかわっている。

ところがここ十数年来、熱帯雨林を多く持つ東南アジア諸国（タイ・ベトナム・インドネシア・フィリピンなど）や人口の急増途上国（中国・インドなど）を中心に、一日平均三〜四万ヘクタール、年間一一〇〇万〜一五〇〇万ヘクタールもの森林の消滅が続いており（日本の森林二五〇〇万ヘクタールがわずか二年足らずで消滅する勢い）、世界の森林率は陸地総面積のわずか二五％台（三五億ヘクタール）にまで低下してきている。

なお、世界全体の木材消費量は年間三五億立方メートルほど（現存の日本の森林総蓄積に匹敵する）で推移してきているが、うち薪炭エネルギーとしての消費量は五五％を上回り、特に世界人口の八〇％を占める後進地域や途上国では、木材需要総量の八〇％が燃料として消費されており、今後の人口激増に伴って一層の需要増が見込まれている。

以上のような近未来の世界の状況については、暖衣飽食をほしいままにしている日本人にとっては、日常ほとんど気にかけていない事柄ではあるが、後述するわが国の森林や林業問題を考えていくうえでは是非念頭においておく必要があろう。

森林荒廃の背景

さて、ごく簡略に持続が危ぶまれる世界の森林の状況を述べたが、そうしたなかで日本の森林はいったいどのような状況になっているのだろうか。

日本人の多くはさまざまな情報や行楽などの機会を通して、自然とか水や緑とかに代表される森林の存在については「今更何を」と言うぐらい知りつくしているように思われがちであるが、正直言ってその実態についてはほとんどの人々が理解していないのではなかろうか。いわゆる空気や水と同じようなレベルでの存在感でしかないように思われる。

世界中で最も恵まれた生育環境を保有する一方、世界一級の木材消費国でありながら、わが国の森林群は手入れ不足の累積によって異常な過剰蓄積（ぜい肉）を抱え、未曾有な荒廃に見舞われて、心ある山守りに助けを求めているのである。改めて日本の森林や林業の現状に想いを馳せてみたい。

世界の森林率が二五％を割ろうとしている今日、第二次大戦後すさまじい経済発展を遂げたわが国では、さまざまな大規模開発を伴ったが、森林面積の減少はわずか数十万ヘクタールに止まり、依然として二五〇〇万ヘクタールの大台を割ることなく、国土の六六％が森林で覆われ、世界一級の森林国を自認している（世界中で森林率が五〇％を超えるのは今やわずか数カ国に過ぎない）。

そのうえ、世界地図で見てもわかるように、日本列島は北緯二七度～四五度にわたる中緯度地域にあって、四囲を海洋で囲われた温暖多雨な気候帯に属し、世界一恵まれた環境条件下におかれている。また、国土の六〇％あまりが急傾斜な山地で占められているが、標高一〇〇〇メートルを超える高地の割合は思いのほか少なくて、国土のわずか七・六％（森林面積の一二％）ほどに止まり、国土開発の拡大を阻んできた一方、その大部分は佳良な森林を育む素地を保有している。

その証左でもあるように、第二次大戦中から戦後十数年にわたって、大規模な乱伐の繰り返しによって疲弊し禿山と言われるほどに荒廃の極にあったわが国の森林は、今日そうした名残をまったく止めないほどに、この半世紀を過ごす過程で見事に緑一色に包まれてきている。とにかく全国どこでも、空き地があれば両三年を経ずして雑草、かん木類が侵入繁茂し、やがて樹林化してしまう国柄である。

しかも、戦後の乱伐期を通して将来の木材資源の枯渇を憂慮して始められた大面積にわたる有用針葉樹類による拡大造林（年々の成長量の増大を期待して、天然林を人工林に変換すること）は、終戦直後わずか十数％に過ぎなかったわが国の人工林率（森林面積全体に対する人工林の割合）をその後の三〇～四〇年間で一挙に四〇％（一〇〇〇万ヘクタール）あまりにも増大させ、日本の森林を質的に大変換させてきた。なお、莫大な伐採跡地のうち人工林造成の対象から外れた天然再生林の面積も、ほぼ拡大人工林の面積に匹敵する規模で存在し、貴重なわが国の森林を構成していることも忘れてはならない。

とにかく何やかやと批判を浴びながらも、戦後の林業活動はわが国の緊急的な木材や燃料の供給を果たしながら、荒廃した国土の緑化や将来にわたる資源培養を果たすための任にも、すでに十二分に応えてきたと高く評価される。

温暖多雨な風土のなかで、日本の山々は一部に松食い虫や風雪などによる被害は見られるものの、遠目には緑豊かに私たちの環境を彩っていてくれる。確かに四季折々に風情を変えながら、第二次大戦後のあの痛ましかった四囲の山々はこの半世紀の間に「見事に甦ったものだ」という感慨は一入《ひとしお》である。しかし、一歩山に踏み込んだとき、そこにたたずむ木々たちの姿に接すると、彼らの消え入るようなうめき声が聞こえてくるようでならない。

「日本の皆さんよ、もうちょっと私たちの面倒を見てくださいよ」

「あんまり放っておかれると、私たちは皆さんのお役に立てないかも知れませんよ」

林が混み合ってせっかくの恵まれた風土を満喫しきれないでいる木々たちの声に、ただただ相済まない気持ちがこみ上げてくる。

日本の林業活動が失速したのにはいくつかの原因があげられるが、要約すると、高度経済成長期を通して増大が続いた木材需要に対して、安価で品揃えされた外材の大量的な攻勢に国産材の供給が太刀打ちできなかったことと、国内的には長く日本の産業を下支えしてきた農山村労働力の大量的な二、三次産業への流出が続いた結果にほかならない。

国産材を取り扱ってきた林材界の低迷は、ここ二〇〜三〇年来わが国の林業活動にじわじわと凋落の傾向をもたらし、バブル経済崩壊後の不況感はこうした動向に一層拍車をかけ、度重なる諸施策の施行を尻目に在来型の日本林業は終焉の危機にさらされている。

こうした林業活動の不振は私たちをめぐる森林の姿にそのまま反映し、日本各地の森林帯に惨憺たる有り様の林相を露呈してきているのである。

わが国の木材需給の動向がどうであれ、国内の森林を健全に維持管理していくことはまったく別な次元の問題ではなかろうか。日本の森林がこれほどまでに駄目になったのは、天候不順のためでも、病虫害や風雪害のためでもない。はっきり言って、関係してきた人々の考え方や行動の問題であろう。森林の所有者や経営者をはじめ、関係する行政や政治、学会、試験研究機関、諸団体等に属する人々の心根の軌跡を想い起こせば納得できる事柄ではなかろうか。

山のふところや裾野にたたずむ集落はあっても、住む人々の足は老いも若きも麓の町や都会に吸い寄せられ、ひとっ子一人見当たらない山が多くなってきた。後背に広がる何千、何万へクタールの山々は人の出を待って、森閑としたまま放置されて久しい。三年、五年ではない。私の思いでは二〇年、三〇年にもなる。この間、「自然だ、水だ、緑だ」の声は巷間《こうかん》にまで叫ばれてきたが、「山守り」のいない森林の惨憺たる有り様を糺《ただ》していくことは尋常な構えでは果たされない。

一見施業放棄されたとも思われるような森林は、奥山は言うに及ばず、里山のいたるところにまで広がり、わが国の森林面積の七〜八割にも及んでいるのである。健全な森林が不要なのでも、木材が不要なのでもない。それどころか環境保全が、公益的機能の必要が声高に叫ばれ、木材需要の八〇%もを外国産材に依存している国民のなせる業が、こうした森林の荒廃を招いてきたのである。森林や林業の関係者にその責を問うても寂として応答しようのない憂慮すべき事態が、国土の三分の二を覆う森林地帯にのしかかっているのである。

再生に向けて

もはや手をこまねいている余裕はない。できる人がやらねばならない。山造りは不可能な事柄ではなく、やればできる営みである。そのためには森林や林業に関係する、あるいは関係してきた人々がなすべき事柄は、過去のしがらみなどにとらわれることなく、昨今の森林や林業の逼迫した実態を一般の国民、あるいはそれぞれの地域の人々の前に赤裸々に伝えることではなかろうか。

そのうちなんとかなりそうな御託ばかり並べ立てて、現場での営みを怠ったままの森林文化論はもうたくさんである。○○対策、△△対策などだけで当面の窮状が救えないことは、ここ一〇年、二〇年の経緯を見れば明らかであろう。「二一世紀は云々」と展望めいた言辞が飛び交うなかで、地球上で最も恵まれた環境条件下にあるわが国の森林群は、今日も劣化の一途をたどっているのである。

「物事の是非を問いながら、その物事に対する対応の積み重ねが、人間社会の文化である」とする私の理解に立つならば、それぞれの立場で森林の利用とその維持管理にかかわる人間の営みが滞っては、森林文化の展開は期待できそうにない。

森林の公益的機能は年々三九兆円にも及ぶと公表されてはいるが、昨今五〇〇兆円といわれる国内総生産額のわずか〇・一%にも満たなくなってきた林業総生産額（四〇〇〇億円ほど、ほとんどないも同然）や、かつて四〇～五〇万人を擁した林業就業者数が七～八万人にまで激減してしまった現状では、産業としての日本林業の存亡さえ問われているのである。

日本の山々を甦らせるためには、どうしても関係する人々の心根が糺されなければ果たされない。そのためのノウハウはすでに十分すぎるほど用意されているし、わずか二〇万～三〇万人ほどの真摯な「山守り」と、年間数千億円ほどの資金さえ直接山造りに投入できれば、やつれが目立つ日本の山々ではあっても、そこそこな再生は可能であろう。

現世のわれわれの手の届く範囲内の事柄であるだけに、できるだけ多くの人々の支援を得ながら、難しい論議や手続きは抜きにして、地球上の一角を占めるわが国の森林は、せめて日本人の手で甦らせたいものである。


現役を退くにあたって「山造り承ります」などと大層な旗印を掲げ、退潮が目立つ山主さんらの再起に少しでも役立てばと願いながら、好きな山仕事に携わってすでに六年目を迎えた。

この間、こうした主旨を了とされ、行動を共にした面々はすでに十数名を数え、その多くは県が主催する年間七〇日余りに及ぶグリーン・マイスター研修（林業専門の技術研修）にも参画し、いずれも山林再生の第一線に身を置き、後輩の育成に活躍している。

また、この山林塾と一体的に開催されてきたKOA《コーア》森林塾（KOA株式会社主催、毎年四月～翌年二月の間、二～三週間おきに一五回開催し、山造りや伐り出しに関する知識や技法を習得する）も、この六年間に県内外から二百名余りの塾生を生み、なかにはそれぞれの地元で仲間を集め公有林などの手入れを始めた人や、自分で伐った木で小屋づくりした人など多くの広がりを見せている。

こうした山林塾や森林塾の活動については、全国版の関係誌や新聞紙上で取り上げられたこともあって、所期の成果はそれなりにあったと自負しているが、全国千数百万ヘクタールに及ぶ手入れ不足な山林の規模に比べると、私どもが果たし得た山林の整備はほんのひとにぎりに過ぎず、依然として山林の荒廃は募り続けている。

事が深刻であるだけに、おしなべて悲観的な言辞に終始せざるを得ないが、読者の皆さんにも、日本の森林の現状については格別なご理解をいただきたいと切に念じている。

第一章　山を担うべき人

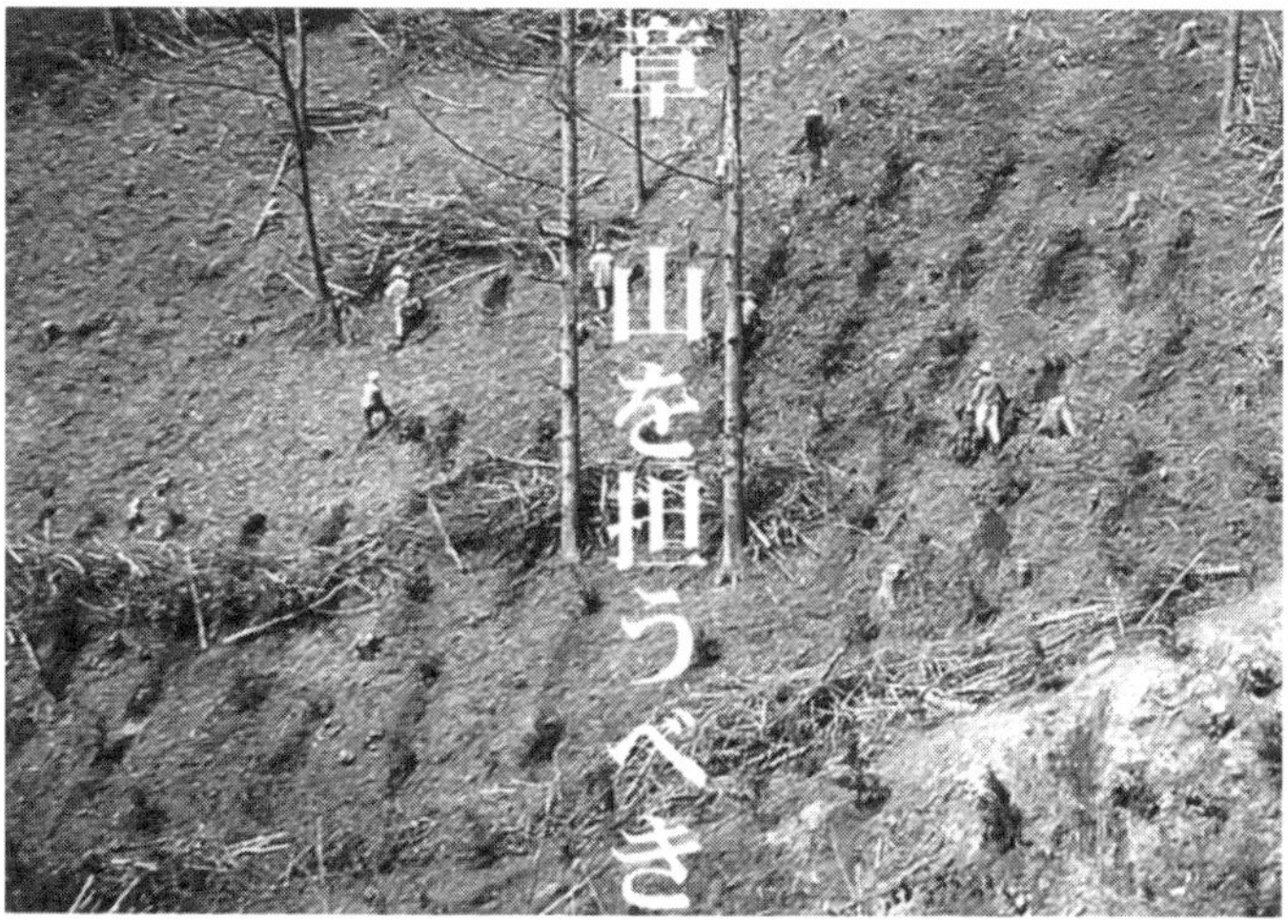

弱体化する森林所有者と林業労働力

日本の森林は「いったい誰が維持管理していくのか」と問われれば、「それはその土地（林地《りんち》）の所有者個々の責任である」と答えるのが至極当然であろう。

ご承知のように、わが国では私的であれ公的であれ、すべての土地には個々の所有者があって、それぞれの土地はその利用目的によって宅地、農地および林地の三種類いずれかの「地目」に分けられて、法律上厳然たる権利が認められている（なお、利用目的を変更したい理由が生じたときは、所定の手続きを経て公的な認可を得なければ地目を変更することはできない）。

宅地や農地は現在でもその土地の上にある施設や建物、あるいは農作物などと一緒に、日常的に所有者自らの直接利用、あるいは第三者への貸し付けや委託により管理されているケースがほとんどである。

森林の場合も、かつては山の作業（境界の見回りや林木《りんぼく》の育成、利用材の伐出《ばっしゅつ》など）は自力でやるか他人に委託して行なうかは別にして、所有者個々の責任で果たされてきたが、この二〇～三〇年来はその辺の事情が大幅に様変わりしてきている。

そのひとつは、かつて豊かさの象徴でもあった「山持ち」といったイメージがすっかり影をひそめてしまったことである。全国世帯数のわずか数%に過ぎない森林所有者（農家に対して林家《りんか》とも称される）ではあるが、後で述べるようなさまざまな理由が重なって、持ち山に対する価値観がすっかり薄れ、なかには山林を所有すること自体が重荷になっているケースさえうかがわれる。

最近、全国的にも問題となってきているが、自己所有林の境界さえ定かでない林家が増大している事実も、もはや笑い事では済まされなくなってきている。林家の自助努力による山造りはもはや壊滅に瀕していると言っても過言ではない。

もうひとつは、公私を問わず森林所有者に代わって山林の維持管理や木材の伐出に携ってきた林業労働力の激減が今も続いていることである。

表1や図1をみてもわかるように、昭和三〇年代半ば過ぎまで四〇万～五〇万人を擁した林業労働人口は急速に減少しはじめ、一〇年後の四五年にはすでに半減している。二、三次産業へと労働人口が移っていったからだ。

わが国の総労働人口は昭和三〇年頃の四〇〇〇万人から、現在の六五〇〇万人余りに増大してきているが、一次産業、二次産業、三次産業の就業者数の割合を大まかに比較してみると、昭和三〇年代半ば頃にはほぼ三分の一ぐらいずつでバランスがとれていた。それが現在は、一次産業は実数でも四分の一以下に減って五％、二次産業は三三％、三次産業は六三％で三次産業だけで四〇〇〇万人を超えてきている。

一次産業の落ち込みは、農業人口の激減が主な要因である。林業はもともとの母数が小さく、

表1　産業別就業者数の推移

	s25	s30	s35	s40	s45	s50	s55	s60	h2	h7	h9
第1次	1720	1611	1435	1173	1007	736	610	541	440	340	324
うち林業	42	52	45	26	21	18	17	14	11	9	8
第2次	781	922	1272	1540	1783	1928	1874	1934	2054	(2085)	2134
第3次	1062	1393	1662	2048	2434	2650	3097	3361	3674	(4032)	4099
計	3563	3926	4369	4761	5224	5314	5581	5836	6168	6457	6557

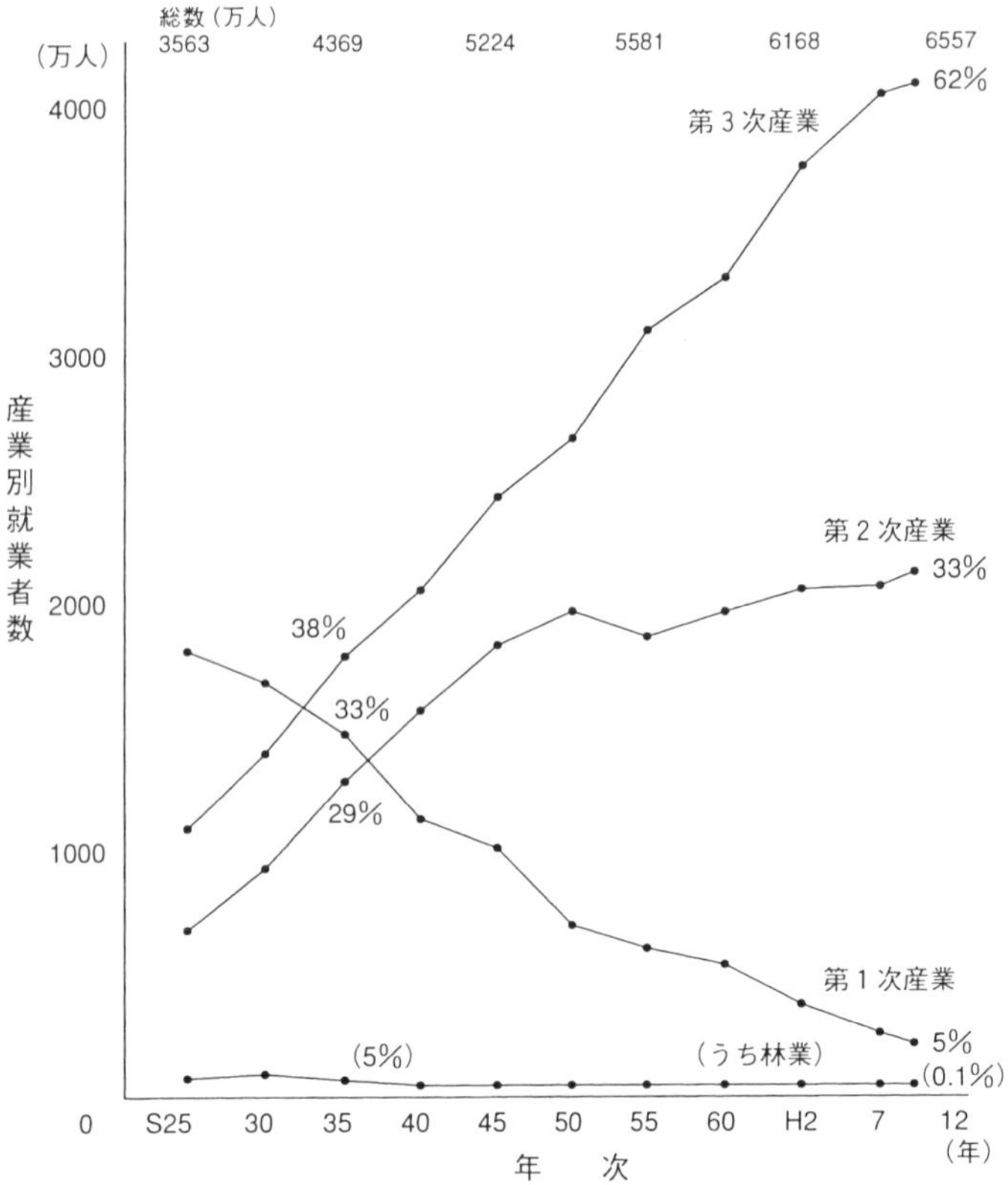

図1　産業別就業者数のうつり変り

昭和三〇年は五二万人いたが、平成七年には九万人にまで落ちており、現在も下がりっぱなしで八万人を割っている。しかも、そのうちの六〇%が六〇歳以上の労働力であり、あと五年か一〇年でなお五万人ものリタイアが迫っている。

日本林業が山村の有力な産業として成り立っていた昭和四〇年代の初め頃までは、山で仕事をすれば近くの町の中で仕事をするよりも実入りが良かった。

当時は農家でしかも山持ちという「農家林家」が八〇%ぐらいを占めており、春から秋にかけては農作業をやっていた。当時の山仕事は主に冬に集中しており、農閑期を利用する農家にしてみると、農林複合によって冬の有力な副業が確保された。冬にはいつでも山仕事があって、薪やパルプ材をつくろうが用材を出そうが、とにかくそこそこの収入が得られた。当時は農業収入もけっこうあって、農作物の価格も一般物価と同じように上がっていたわけだから、農山村の収入も良かった。

機械化が進んでいない頃だったので、伐る仕事や搬出の仕事は人海戦術による特殊技能で行なわれていた。なかでも、伐ることよりも出してくる仕事の方に手がかかり、搬出が経費の半分ぐらいを占めていた。それを人間の生身の労働でこなした時代にはけっこうな所得につながっていた。

ところが、材価が低迷しはじめた昭和四〇年頃を境に、他の産業では危険な仕事が急速に近代化されるなかで、林業はその立ち後れが目立ちはじめ、いわゆる3Kの筆頭にあげられるようになっていった。

特に、生身の仕事が多かっただけに、労働災害の発生率は全産業のなかで林業がいつもトップを占めてきた。今でも労働災害の掛け金率は林業が一番高くて、賃金の十数%に及んでいる。常に労災は雇用主にとっても作業者にとっても重荷になっているわけだ。

昭和四〇年代以降、一次産業の労働力が二次、三次産業に引っ張られていったが、その当時を思い出してみよう。米を一〇アールつくっていくらになるかというと、純収益は一〇万円台にしかならない。一ヘクタールの米づくりをしても一〇〇万円台の所得にしかならないわけだ。これは今でも同様だ。一方で、中学・高校を出た人が当時の二、三次産業に就職すると、すぐに二〇〇万、三〇〇万円という所得を得た。息子さんが中学・高校を出て就職すると、親父さんが汗水たらして一ヘクタールの水田をつくって得た収入を超えてしまう。そして、息子の所得はどんどん上がっていく。

米づくりはいろいろコストダウンを図ったものの、米の値段は停滞した。そして、農家は人手がない分を機械に切り換え、この機械の借金を町に行って働いて稼いだ。農閑期になると昔は山に行っていたが、山ではお金にならなくなってきたので町に働きに出たわけだ。子弟の教育とか、自動車を買うとか、農業機械を買うとか、その金は農業のなかからは生まれないし、山に行っても金にならないが、町に行けばいくらでも仕事があった。林業はその時々に真っ先にクッションのように扱われてきたわけだ。いいときはやるが、ダメになると真っ先に放っておかれてしまう。産業のなかで3Kの筆頭のように言われるようになったのもムベなるかなと思う。だいたい、親が子供に「お前、山仕事をやれ」とは勧めない。特にここまで少子化が進むと、ほとんどあり得ないことだ。

現在、林業への新規就労者がどのくらいいるかというと、中学・高校を出て林業に入ってくる人が全国で二〇〇人あまり。一県あたり平均すると四～五人しかいない。しかも、定着率が悪い。東京の秩父地方で十数年前に中学・高校生の林業就職者数を追跡調査したときに、三年目でもう六〇%ぐらいが離職していた。

昨今はUターン、Iターンが注目されており、こういう人たちのなかではっきり「林業」といわないまでも「山で仕事をしたい」という人が毎年二〇〇〇人ぐらいはいるようだが、その半面やめる数が多くて問題になったことがある。農山村で若い人が定住するためには環境の整備が欠かせない。今でも住宅や遊ぶ所をつくったりして、全国で金太郎飴のように同じ手を打っているが、どうしても定着率が少なく、おそらく統計をとれば三〇～四〇%はやめてしまっている。絶対数が少ないところにもってきて、労働力の再生産が伴っていない。

では、実際に林業には非常にたくさんの人手間が必要かというと、そうではない。森林の四

○％が人工林化し、それとほぼ同じ規模で天然再生林も存在するが、最低限できるかぎりの手入れをするとしても、何十万人もの人手がいるというわけではない。全労働力が六五〇〇万人ぐらいになっている今日でも、山造り、山の手入れに必要な優れた労働力は二〇万人ぐらいあれば間に合うのである。

まず問われる零細所有者の責任

日本の森林がこのままではだめだということを国民全体に問えば、「まず森林所有者がいるじゃないか。所有者がやらんのになぜ我々が心配しなければならないのだ。まず、所有者を質さないといかん」ということになろう。

現在、森林所有者は二五〇万世帯で、この他に各種団体有、社寺有、部落有、県有、市町村有の他に企業が所有する森林もあり、これらを合わせて三五万事業体。この他に国有林がある。日本の総世帯数が四〇〇〇万世帯ぐらいとすると、森林所有者二五〇万世帯は五～六％ぐらいにしか当たらない。

所有者として圧倒的な割合を占める民間の山持ちは、それぞれが広大な森林を所有しているわけではなく、実は小規模な所有者が極めて多い。規模でいうと一ヘクタール未満の零細所有が五八％で、総数二五〇万のうち一五〇万世帯ぐらいある。もう少し広げて一～五ヘクタール層が三一％で、両者を合わせると八九％となり、だいたい九割は零細所有ということになる。

この森林所有者の責任はどうなっているかというと、国有林以外はどこも責任を問われていない。その大半を占める零細所有者の多くが今、森林を単なる土地として専有しているのが現状だ。彼らは森林を専有していても、林木を佳良＝健全に維持管理していないケースが多いが、その責任はまったく問われていない。

というのは、日本の林政の方針がいくたびか変わってきたなかで、林業基本法（昭和三九年）ができた当初は家族経営的林業でやっていこうとした。その頃までは農林複合があったから、家族的経営で森林の維持管理は森林所有者に担っていってもらおうとした。

ところが、当時始まった高度経済成長によってもたらされた農山村地域における過疎化の波に圧され、家族的経営に対する期待は不発に終わり、代わって団地化・集団化して効率よく仕事をしていこうとした。所有関係はそのままにしておいて、集団化してやっていこうとしたが、結局はこれも実現できなかった。かつてのような協調とか共同の心がすでに失われつつあった時代背景も見逃せない。その結果、家族経営も抜け落ちて何もなくなってしまった。

森林が佳良ではなくなり一体どうするかというとき、まず問われるのは森林所有者であるはずだ。森林をなんとかしろと言われても、森林所有者の存在を消してくれたらやりようもあるが、存在するかぎりは土地所有に対しては厳然とした権利があるわけで、これは強いなどというものではない。いくら山の手入れが滞っていても、第三者が無断で手を加えることなどは一切できない。所有者の問題は林政の方向を出すにしても、大きな柱になる。そこを問わなくては話にならないだろう。

その森林所有者はいくつかのグループに分類される。

一つは、山の経営は採算に合わないとはいえ「私はやっていきます」という、いわゆる自力で維持管理している階層。

二番目は、代替わりをしたなど理由はさまざまだが、維持管理は自力でやりたくてもノウハウがない、また道具も使えない。でも、教えてくれるのならばやりたいという階層。

三番目は、なんと言われても自力ではできないが、山は持っていたい。そのため、第三者に委託をしても維持していきたいという層。

四番目は、後継者がいない、他地域に在住している(不在村地主)、ノウハウがない、お金がかかるなどの理由によって、所有山林の維持管理に対する関心を持たない所有者で、この層がかなり多くなってきている。このような無関心グループの場合、所有山林の境界が定かでないことも多い。

おそらく大きく分けて森林所有者のタイプはこの四つぐらいになろう。二、三番目は少ないかも知れないが、四番目の無関心グループがかなり多くなってきているように思われる。

私の考えでは、まず特にこの三、四番目の階層に対して、「お宅の山は佳良ではないので、このままじゃだめだよ」と勧告する。そして、「一年～三年ぐらいの期間内に、少なくともこれだけの仕事をしてください」と要請する。もしできないのならば、林地の所有権は動かさないが、第三者に委託して整備をしていくことにする。そのときにお金を出せる階層と、お金も出さない階層とに分かれるので、これらの仕分けは市町村の行政責任で森林所有者全員に対するアンケートなどによって確認する必要があろう。

アンケートなり調査によって森林所有者の仕分けができれば、事業量が決まってくる。自力でできる層が五％から一〇％、やればできそうな層も五％から一〇％ぐらいは出てくるだろう。そうすると合計二〇％ぐらいは自力でできる。「できる」と答えた以上はやってもらわなければならない。実行してくれるのならば、当然のことながら必要な助成措置は講じられなければならない。

自力でできない所有者に対しては、お金を出せる人と出せない人とではペナルティーを変える。出せない場合、公共的な資金を使うしかないわけだから、これは記録しておいて収穫が生じたときに差し引きをする。今出せないのだから、その効用が出たときにそれを戻してもらうわけだ。

収穫による収支がマイナスだったときには、森林には公共性・公益性があるのでそのマイナス分までは所有者に負担させない。マイナスの分は国なり一般国民が負担しなければなるまい。あくまでも山を持っていない人と森林所有者とのバランスがとれないと、国民的な合意は得られないだろう。森林所有者も我々も同じ立場で考えるんだということで初めて合意が得られるわけだ。

こうした考え方に対しては、今はまだ抵抗感があろう。まだどん底になっていないのかとも思う。実際に台風などによる災害でも生じないと実感がない。しかし、本当に行き詰まったら、当然こうせざるを得ないだろう。

我々は被害が出る前に英知を出さなければならないはずだ。いまは、いわゆる「森林の公益的機能」というプラス材料が背景にあるから、これが言える状況にある。

一方で、森林所有者は農地や宅地の場合とは違って税制面では一定程度な優遇措置も講じられている。これは森林のすべてが公益性を保有する資産であることを考えれば当然な措置と考えられるが、そのためには森林の維持管理が適正に行なわれていることが前提でなければならない。必要な手入れを実施した場合の助成措置とは別枠で、手入れの有無による税制面でのペナルティーあるいは奨励措置なども考えられないだろうか。

なお、森林所有にかかわる相続税のあり方についてはしばしば耳にするが、不労取得の資産に対する税制であることにいささかも疑念はないが、その他の資産などとの合算によって、佳良に維持管理されてきた森林（土地ぐるみの場合や林木だけの場合などがある）が、こうした税制のためだけに犠牲になっている事例を見聞してきた。すでに何らかの措置は講じられてきているると思われるが、少なくとも相続のためだけに立派な山が丸坊主になってしまうようなことは避けて欲しい。

これまで、行政も林材界も「零細はダメ」というような言い方をしてきたが、そういう世帯を一人でも二人でも再生させていくと、零細だから逆に再生しやすいのではなかろうか。

所有者は、地域にいようが都会に出ていようが、あくまで山持ちは山持ちである。狭い面積しかもっていなくても、とにかくノウハウを何とか身につけてもらい、自助努力を促さざるを得ない。こうした背景があってはじめて二〇万人ほどの優れた「山守り」の創出も果たされるであろうし、日本の森林の再生も可能になると考えられる。

焦点不明な後継者育成

戦後、これだけ木を植えて、ああだこうだと方針を変えながらとにかく山造りをやってきたが、問題は一〇〇〇万ヘクタール以上になってしまっている人工林と、人工林問題にかまけてほとんど放置されている天然生林をどう再生していくかである。これらがあまりにも膨大になっているときに、かつて四〇〜五〇万人でやってきた仕事を、今や七万〜八万人足らずの労働力で消化しなければならなくなっている。

現在でも労働力はすでにかなり不足しており、林業就労者の高齢化も著しいので、後継者育成を真剣に考えていかなくてはならない。

しかし、いわゆる今の後継者育成策もどのへんに焦点を当てているのかわからない。実際、後継者育成を各都道府県がかかわって、人材育成センターなどを開いているが、誰を対象にやっているのだろうか。

これまでは、農山村と都市との所得格差がどんどん拡大してしまったため、特に若い人に一次産業と二次・三次産業のどちらを選ぶかといったら、普通は農林業には進まない。中学、高校卒で林業に携わる人が全国で年に二〇〇人を割っているが、この人たちは多分その地域にいて、どうしてもそういう境遇に置かれてやらざるを得ないケースが大半であろう。

一方で、「募集すれば何十人、何百人と人は来るんだ」という言い方をする人がいるが、これはあくまでも後継者予備軍であって、現実にはただの丸腰で飛び込んできても使いものにはならない。きちんとした教育によって学習をして、技術を身につけて初めて林業関係者になれるわけだ。

実際、今の五〇歳、六〇歳代の林業就業者は子供の頃からいわゆるたたき上げで体で仕事を覚えてきた人たちである。ところが、林業関係者は若い人＝労力さえ来てくれれば大喜びしてしまう。質を問わない。

募集後の後継者教育が確立されているかといえば、そうでもない。今一番それらしいのはGM（グリーン・マイスター）の育成だろう。また、後継者対策ではないが、一般の人々に関心をもってもらうためのものとして林業教室などがある。一般向けの林業教室は短編的に炭焼きをやったり間伐や下刈りなどをして、林業の概略を知ってもらうことを目的としているが、昨今の厳しい林業事情のなかでは有効な戦力にはなり得ないだろう。

GM制度は県によって実施の有無があるが、長野県では希望してくるのは一〇人ほどでそれほど多くない。ここでは大型高性能機械の講習を中心に林業技術全般の修得を目的として、年間七二日間の長期学習が行なわれている。修了者は基幹林業作業士ということになっているが、その講習だけで実技にすぐ使えるかというと、それは難しい。

この講習は現場経験三年以上の人が対象となっているが、研修期間が長いのと、その間の所得補償が不確実なこともあって、参加しにくい面もある。

これだけ労働力が不足しているときに、森林組合や業者にいる三年以上の経験者は、事業主が七二日間も講習に出せないのが実状であろう。数年前までは、育成のために事業主と受講者に一定程度な助成金も出ていたが、それも廃止されて今はない。今のところ、GM研修以外に本格的な林業技術を修得する場があるかといえば、見当たらない。

前項で提案した森林の受託経営を果たしていくためにも、必要な事業量に見合った労働力を確保していかなければならないが、こうした事業量の査定も労働力の確保策も定かでないのが実情ではなかろうか。早急な検討を要する事柄ではあるが、そうした対応が滞っている前提で、日頃考えているいくつかの提案をあげておきたい。

一、本来、各地域の森林組合の役割でもある森林所有者への指導助言態勢を強化する。

二、都道府県林務行政の出先に配置されている林業改良指導体制（普及担当）を柔軟にして、不活発化してきている森林所有者を対象に、定期的（月一回ぐらい）な実践学習会を行ない、活動の再生を促す。

三、県のＧＭ研修を拡充改組して、営林実践指導者の育成機関とする。研修期間は一年、定員は二〇名ぐらいとし、研修終了後は森林組合あるいは市町村林務担当の職員として配置し、身分保証を制度化する。

四、県職業訓練校に林業科コースを設け、山守りの育成を図る。

伐出の担い手

山の仕事は山の手入れと伐り出しに大別される。山の手入れは山への思いさえあれば、基本的なノウハウを身につければ素人の誰にでもできる事柄だと私は信じている。庭木や盆栽の手入れもまったく経験がないようでは手はつけられないが、基本的な手ほどきを授かれば、プロの業には及ばないにしても、楽しみながらそこそこな成果は得られよう。山の手入れは庭木や盆栽ほどには難しくはないのである。

ところが、本格的な間伐（林の混み具合を調節するための抜き伐り）や主伐《しゅばつ》（林木が十分に成熟した頃を見計らって木材利用を目的に行なう伐採。まとめて全部を伐り出す場合と、利用価値の高いものから順次抜き伐りする場合などがある）に際しては、それ相応な特殊技能や危険防止を図るための修練を積まなくてはならない。熟練者、いわゆるプロを任じていても、常に各種労働災害において危険度の最上位にランクされる仕事だからである。

かつて（昭和三〇年代）、六〇〇〇万立方メートルにも及んだわが国の素材（丸太）生産量は、以降ほぼ一貫して減量が続き、最近の一〇年間も三〇〇〇万立方メートルからついに二〇〇〇万立方メートルを割るほどに大幅な落ち込みを示している。資源的に成熟した伐採対象林分の減退も大きく影響してきたが、戦後の再生林の林齢が四〇〜五〇年生に成熟しつつあるにもかかわらず、伐出《ばっしゅつ》活動の不振がより深刻になってきている。

大径で品揃えされた安価な外材に押されて、国産材価は軒並み値下げを強いられ、最近の不況感も手伝って昨今の市場価格は一部の優良材を除くと昭和四〇年代初頭頃の価格にまで後退を余儀なくされている。一部に「国産材時代来る」の声も聞かれるが、川下（木材市場）側の低材価に圧されて、川上（木材生産）側では伐出コストや立木価格の大幅な下落が伐出の担い手や森林所有者にしわ寄せされ、国産材供給体制はまさに危機に瀕しているといっても過言ではない。

最近の二〇〇〇万立方メートルぐらいの木材生産量から推定すると、現在の伐出担当者はすでに五万人を割り始めていると思われる。これらの人々が安価な外材に対抗しながら、わが国木材需給量の二〇％分ほどを精一杯供給してはいるものの、六〇歳以上のこれら熟達者の占める割合が六〇％を越えていることを考えると、鳥肌の立つ思いさえする。彼らのリタイアはあと五年から一〇年ぐらいと見なければなるまい。

大型高性能な機械化やUターン・Iターンによる若者の参入などが叫ばれはじめてすでに一〇年あまりになるが、これらの実績を含めての現状であるだけに、あまりにも楽観に過ぎる関係者の姿勢には言い表しようのない憤りさえ抱かれる。

とにかく、伐出の担い手、後継者の育成・創出は単なる技量の修得だけで済まされるものではない。あの過酷に耐え得る精神力や山への思いも合わせて伝承しなければならない重大な事柄である。今ならこうした思いを抱いた優れた先達はいるはずだ。四〇～五〇年にも達した戦後再生林の取扱いはもはや間伐などの域を脱しており、優れた伐出担当者に委ねざるを得なくなっている。

ラジキャリー（空中架線）による間伐材の集材

本物志向の伐出担当者の育成にはかなりの養成期間も必要としようが、切迫した現状を踏まえ、不退転な決意で後継者育成に取り組まれることを関係する人々や機関に強く望みたい。

森林組合の現状と課題

今、日本で山を誰が守っていくのかということになると、実際のところ業者は営利が目的なので、ここに大きく依存するのは無理だろう。企業者自体が外材八〇%という国際化のなかで死ぬか生きるかという激烈な競争に巻き込まれているわけだから難しい。

やはり森林組合がその受け皿ということになる。いろいろな意味で森林組合が活動してくれないと日本林業の再建は到底無理だろう。

森林組合というのは森林法で役割が規定されている。その冒頭に述べられているように「森林所有者の協同組織により、森林施業の合理化と森林生産力の増進とをはかり、あわせて森林所有者の経済的社会的地位の向上を期する」ことを目的として森林組合は設置されている。

森林組合設置の趣旨にはいささかも疑念はないので、この通りに森林組合が動いてくれたら問題はないわけだが、実感としてその日常的な活動を見ていると、この趣旨とどこで整合するのか疑問であり、状況がかなり違う。

森林組合の組織や人員配置、施設、設備、機械から財力に至るまで、長年にわたる構造改善事業の成果なども含めて、ひとつの組織体としてはあり余るほどの経営資産を持っているように見える。しかし、逆にこれらを維持管理していくのが重荷になってはいないだろうか。

たとえば、組織では組合長、専務からはじまって内勤者の給与をどこから捻出するかと言えば、造林、伐出をはじめ各事業部門の第一線の労務組織が稼ぎ出してくれなければならない。その第一線は「材価が安く、機械化が遅れ、林道の配置も未だ極めて不十分、そして森林資源もまだ未成熟なものが多い」などといろいろ問題を抱えているが、組織だけはガッチリできている。

そういう人たちの給与を出すためには、儲からない林業生産などをやっていては追いつかない。そこで建築、土木、産直の物品販売など、いろいろな事業をやってとにかく全体として収支をつけていかなければならない。

その結果、今の森林組合は伐出班を持っていないところがかなり増えてしまった。機械が揃っていながら伐出班がない。また、森林組合の役職員の中枢が伐出に対してかなり疎い。伐出は下請けの業者まかせになっているケースが多い。

独自の伐出班を待たずにもっぱら山造りの造林班に走っているのが現状だ。労務の中に、製材加工とかもろもろの事業を抱えている組合もあるが、育林関係だけは直営の事業を続けている。「山造り」はいるけれど「伐り出し」がいない。森林組合は昔から林産班と造林班とに労務系統を分けているが、伐出を行なう林産班が消えてなくなりつつある。林産はやっても儲からないということだ。

民有林の場合、普通は森林所有者が補助金で不足する分は自己負担しなければならない。ところが、所有者は自己負担を嫌って森林組合に頼まない。だからあまり発注はこない。

山造りは、本来補助事業でやっても一〇〇％補助金が出るわけではないが、公有林や保安林の委託を受けると一〇〇％の事業費が見込まれる。公有林や公社、公団の育林事業は、一〇〇％全部事業費を見積もってやらせてくれるし、松食い虫対策なども高額な事業費が見積もられるので森林組合のいい仕事になっている。森林組合も下請けの業者も、山であまり儲からないから松食い虫対策を有利な事業としてやっており、不十分な要員がこうした事業にまわってしまっている。したがって、森林組合が本来やらなければならない一般民有林を対象とした山造りというのは、全体の労務のなかでは劣勢にならざるを得ない。

森林組合法でいう、「森林施業の合理化と森林生産力の増進をはかり、あわせて森林所有者の経済的社会的地位の向上に期する」という趣旨とどこで整合しているのか。森林組合が高度経済成長のなかで生き残るためにつくってきてしまった組織や人員配置や施設をみんな抱え込んで、それを維持管理することが困難になってきており、本来の森林組合活動に戻れないでいる。

今の森林組合はどこで話を聞いても明るい話は聞かれない。資源の未成熟、材価の低迷、二、三次産業との所得格差、機械化といわれてもかなりきつい労働強度などという厳しい理由が出揃ってしまって、どこをとっても今すぐ改善できないため、森林組合そのものがそこにはまりこんでしまい、身動きがとれない。自発的に森林組合が原点に戻ろうという復原力がなくなってしまっている。

場合によっては、このままいくといくつかの森林組合は破滅するのではないだろうかと心配される。森林組合がつぶれてしまったら、もう山の担い手はいなくなってしまう。

一番強調したいのは、こういう状況下では小手先の手直しでいける時代ではないので、原点に戻って森林組合は森林所有者の側に立って、民有林の担い手になってもらいたいということだ。

国有林問題でも、川上と川下は運命共同体だという「流域管理」において、森林組合がその担い手になる可能性がある。民有林でさえ支えられないのに、流域管理までやっていけるのかという心配もある。

今、実際に山で働いているのは森林組合の労務班が最も多く、組織立った労働力としては一番大きい。業者ははっきり言って、いわゆる企業利益をあげるのが目的なので、これは主として伐出にまわってしまって、山造りの多くは森林組合が請け負っている。

民間に造林会社というのはごく少ない。というのは、山造りはもともとかなりキツイぎりぎりの仕事をしているので、利益をあげられる余地はあまりないからだ。

いわゆる一ヘクタールいくらという請負仕事になるが、国有林や公有林の仕事は予算が全額計上されるから請負いやすい。ところが、個人の山になると補助事業の対象にはなっても、補助金で不足する分は自己負担で賄わなくてはならない。また、補助対象とならない作業はすべて自己負担になってしまう。

森林組合というのは民有林の林家（森林所有者）を組織化してつくったものなので、当然林家は自分でできないときには森林組合に委託する。ところが、組合員は毎年組合費を納めなければならないが、その納めた分のメリットが返ってこないという理由で、組合員が森林組合離れをしてしまう。加入脱退は自由なので、組合からメリットがないとやめてしまうという問題もおきている。今の農山村では、特殊な人を除いてあまり所得面の余裕はないからだ。

森林組合法に書いてあるように、森林組合の定義のなかで森林所有者の味方だとあるわけだから、その原点に戻ってほしい。今、林業労働力を新たに組織化しようとしてもそう簡単につくれそうもないから、森林組合が強力に組合員に対して指導助言をするというような立場であってほしい。

国民総生産が五〇〇兆円あるときに、林業総生産額は四五〇〇億円くらいしかない。〇・一%にも達せず〇・〇九%程度だ。

今、林業に対する補助助成制度がなくなったら森林組合はほとんどつぶれてしまうだろう。国有林は特別会計・独立採算でやったから、はっきりとつぶれてしまった。実質は、森林組合ももうつぶれている。

しかし、林野庁とすれば森林組合をつぶしたら何もなくなってしまうという前提で、いわゆる山造りとか木を出すための助成というより、森林組合を何とか維持していくために、林業構造改善事業をはじめとして、いろいろな対策を講じている。なぜあんなところに高額なお金が出るかというのは、森林組合をつぶせないからだ。森林組合はそういう意味でいろいろな補助事業を受けながら生きている。

一般の企業的な見方では林業というのは成り立たないわけだが、それを何とかしていくときに、組織化できているのは森林組合だけだ。日本の場合は法律によって、森林、民有林を守っていこうという前提で森林組合をつくったわけなので、その主旨からいくと、まず森林組合につぶれてもらっては困る。

林業に限らず、各種補助金に対する批判が強まっているが、産業としての基盤を失いつつある林業活動のなかで、日本の森林を再生し、そして必要な木材生産も果たしていくために、また森林所有者や森林組合を正当に位置づけていくためにも、あえていくつかの提案を試みてみたい。

森林は林地とその上に生育している林木との一体的な組み合わせとして成り立ってきたが、現体制の下では林地に対する取扱いを従来からの権限に大幅な改変を加えることは馴染まないという前提で、不動資産としての性格はそのままとするが、林木については次のような取扱いによって、佳良な森林の維持造成に資せられないものだろうか。

一、林木の維持、造成、林産物（主に木材）の採取業務には、森林所有者や森林組合、あるいは現在の業者集団をはじめ、新たに創出が可能と考えられる各種の担い手（個人の山守り、サンデー山守り、山造り同好会＝ボランティアではない）など、国民の希望する誰もが参画できることとする。

二、林木の維持、造成にかかわる経費は自営・委託の区別なくすべて（一〇〇％）公費によることとし、必要経費を除いた労賃分は勤労所得とする。

三、林産物が生じたときは、その事業収支を明らかにしたうえ、収支の差額がプラスの場合は森林所有者の資産所得とし、マイナスの場合は公費により補填する。

四、従来の森林組合はこれを改組して、地方行政組織（県および市町村）の林務担当と緊密な連携をとりつつ、前記二、三項にかかわる経費や収支の査定、測量、林分測定業務をはじめ、市町村森林整備計画の策定にも関与し、結果として森林所有者に対する指導助言機関に徹し、別枠の森林の維持造成ならびに林産物の採取業務、林業機械類のリース業務を司るほかは、製材・加工施設、土建などの営利事業はすべて民営化する。

なお、これらに伴う事務業務は徹底してスリム化し、組織の簡素化を図ることとする。

おそらくこうした林務業務改変のコストは、従来の地方行政や森林組合の運営に費やしてきた公的資金や新たな営利収益の範囲内で十分賄うことが可能と考えられるし、森林の整備や林産物の生産力は格段に拡充されることが期待されよう。

要約すると、森林所有者や森林組合、林務行政が抱えてきた現代の林業活動の不振にかかわる各種の隘路《あいろ》が払拭され、国民一般の支援（費用負担や労力提供）も受け入れやすくなり、手遅れてきた森林の整備を推進していくことが可能になろう。

なお、森林所有者や受託関係者らの所得に対しては正当な所得税が課せられることは当然であり、森林所有者の相続税や固定資産税は林地に関しては当面従前通りとするが、林木に関してはその維持管理に要するすべてが公的資金で賄われるため、一切計上しなくて済まされよう。すなわち、林木はすべて国民全体の資産と位置づけられる。

こうした提案が十全とは思われないが、出口が見当たらないほどに行き詰まってきた林業活動の状況を逆手にとって、林業関係者の内部からここでの提案を越える優れた施策の出現が強く望まれる。

林務関係者へ

昨今、森林の整備や林業活動の不振を最も肌で感じ、計数的にも読みとっているのは少なくとも林務行政の担当者やその関係者であるはずだと思われる。ところが、そうした人々の言動や顔色からは思いのほかそうした切迫感が読みとれず、最近の「林業白書」に盛られている盛り沢山な個別政策の羅列のなかからのいいとこ取りばかりが目立って仕方がない。つい先頃公表された「森林・林業・木材産業に関する基本課題」にしても、ほとんどの国民には伝わっていないが、すでに痛烈な批判を浴びていることなどもその証左ではなかろうか。

ここでは、これからの森林や林業のことを考えていくうえで最も気がかりな担い手の育成問題について、私なりの所見を整理し、改めて実効のある施策が早急に打ち出されることを訴えておきたい。

その第一は、林業就業者数が昭和三〇年代後半頃から四〇万人の大台を割って一貫して減り続け、しかもそのことを意識して諸々の施策を講じてきたにもかかわらず、いまや七〜八万人台を割り込む水準にまで低減してしまった事実をどう見ているのかということである。

現存の就業者数の六〇%が六〇歳以上に高齢化している事実もすでに承知しているはずであろう。もはや従来型の後継者育成対策では事が済まされないことは明らかで、一歩間違えると林業活動どころか、わが国の森林の存亡にもかかわる重大な局面に遭遇しているのである。

ひるがえって、昨今の林業労働力の確保にかかわる施策には、こうした現実に応えるための有力な対応が図られているのだろうか。正直言って皆無に等しい事実を認めざるを得ない。

確かにここ数年来、森林組合や林業企業者の募集に応えて、若者中心のUターンやIターンによる新規就労者やその予備軍の急増も伝えられ、また就労上の基礎研修の場なども設けられているケースも認められる。

しかし、その就労形態をみると、単純な技能労働力としてしか機能していない場合が多く、給与や家族の生活面などでの処遇も十分でないため、応募の際に期待した生活設計を築き得ないまま戸惑ったり再び転職せざるを得ないケースも見受けられる。

また、県などが主催する基幹的な林業作業士（グリーン・マイスター＝GMなどと称される）の養成機関も設けられてはいるが、原則的には森林組合や林業企業者に所属する単純技能労働者の再教育の場であって、新たに優れた林業技術者を創出していく場にはなっていない。

このほか一般市民を対象とした公的な森林教室や、全国的に創出し始めた森林ボランティアなどによる独自の研修会なども盛んに行なわれるようになってきているが、これらの人々にいまの厳しい林業事情を託すわけにはいかない。

そして何よりも見落としてならないのは、自力では所有山林の維持管理が果たせないか、まったく山離れしてしまった森林所有者群の山の管理をいったい誰が担うのか、現存の施策のなかにはその対応策がまったく盛り込まれていないことである。一応、森林組合員であるならば、所属する組合にその責務があると考えたいが、管理費用の負担を厭わない所有者か、格別林産収益が得られそうな山でもない限り、森林組合の受託事業にはなりにくい。ましてや増大してきている非組合員の森林所有者の山の取扱いは一層難しい問題を抱えている。「市町村森林整備計画事業」が発足して間もない今こそ、市町村の林務担当者は地元森林組合との連携を図って、具体的な森林整備を進めるときではなかろうか。

このほか気がかりな事柄として、国有林事業の抜本的改革を進めるに当たって、伐採や造林等の事業を全面的に民間に委託することとしているが、その受託の受け皿をどこに求めているのかいまひとつ定かでない。ひとつの事業体をなしていない民有林の森林管理は、おそらく国有林に負けず劣らず行き詰まっている今日、民有林を預かる森林組合や次第に劣勢を余儀なくされつつある民間林業会社等に参画を期待しているとすれば、主として上流域にある国有林と下流域を占める民有林との連携が期待されているいわゆる「流域管理システム」そのものの崩壊を招く恐れさえ感じられる。

森林の維持管理並びに必需な木材生産を司るための新たな担い手の創出が危ぶまれるうえ、そうした担い手を育成するための明確な機関や優れた指導者の存在も定かでない。今すぐにでも創出が待たれる担い手の数は三万人や五万人ではない。少なくとも当面の五～一〇年間に都合一五万人から二〇万人ほどの優れた技術者を生まない限り、日本の森林を甦らせることはできないほどの重大事であることを、それぞれの立場で確認すべきではなかろうか。

第二章　山造り承ります

第一章で述べてきたことだが、日本の山は想像をはるかに超えた手入れ不足が累積してきている。これを立て直すには一にも二にも人手を注入しなければ果たされない。機械化、機械化と言われて久しいが、以前からそれは木材を伐ったり搬出したりの伐出作業の一部に過ぎず、山造りの大部分はこれからも人の手に頼らざるを得ないからだ。

植えるとき、一ヘクタール当たり三〇～四〇人工を要した造林地は、その後の手入れに植えたときの四倍も五倍もの人手を必要とする。こうして植え育てた人工林は、戦後の半世紀を経た今日、積もり積もって一〇〇〇万ヘクタールにも及んでいるのである。植林の最盛期に擁した四〇～五〇万人の専業的な人手は、今やその数分の一にも減ってしまい、そのうえ当時この大事業に自助努力を果たしてきた農家や林家の人手間も、最近では見る影もなくなっている。

体制から見放された林業活動とはいえ、このままではいったい日本の森林はどうなってしまうのだろうか。躍起な国や県の林業後継者対策もままならぬ様を気にかけながら、山持ちでもない私なりに現職中から募らせてきた山造りへの想いや行動を書きとどめて、山林再生の一助にでも役立つことを切に念じているところである。

ＫＯＡ森林塾

現在、森林所有者を対象として、山造りのノウハウを再教育するとか、あらためて学習する場はほとんど見当たらない。たまたまあったとしても、個別な知識や技能を教習しているケースが多い。山造りとか山の維持管理とかはそんなに難しい事柄ではないと思われるが、基本的な事柄が積み重なっていかないと、仕事自体も面白くない、希望も持てないということになる。古老や先輩からの伝承も途切れがちな昨今、そんな意味合いできちんとした再教育の場がどうしても必要であろうと考えてきた。

現職中から、山造りの相談ごとにはできるだけ対応してきたが、定年が近づくにつれ、一日も早く自分でもやってみたいし、思いのほか山造りのノウハウが身についてしまって、なんとかこれを必要な人々に伝え、役立ててもらえばと思っていた。

森林所有者らはおしなべて忙しくて山にかかわっている時間がないということを理由にするが、山造りそのものはそんなに手間がかかることではないという前提と、今ではほとんどの人が年間一〇〇日以上も余暇休暇があるので、山造りを単なる義務としてではなく、楽しむ権利としても認識してもらいたかった。

山持ちさんというのは、全国の世帯数からみるとわずか五～六％に過ぎず、自分の山を自由に取り扱える特権をもっているわけだ。現状がどうであれ、長い目で見ていくと社会的な資源化にもつながるし、場合によると個人的な大きな財産にもなっていく。そういう意味合いも含めて、森林所有者を山造りの担い手として再生してみたいと思った。最初は元気なうちに勤めを辞めて自分でも山造りをしながら学習の場をつくり、森林所有者にも携わってもらいたいと思っていた。

　そういう思いを抱いていた矢先、森林や林業活動の状況が非常に切迫している話を、ある酒場のカウンターで隣り合わせた客と気勢を上げていた。帰宅すると間もなく、その酒場のママさんから「明日の夜、時間が空いていたら会っていただきたい人がいるの」との連絡があった。次の夜、そこでお会いしたのが、初対面の株式会社ＫＯＡ《コーア》の向山孝一社長さんだった。

　開口一番、「夕べは隣ですっかりお話をうかがいました。聞き耳で申し訳ないが、山のことがそんなに大変ならば、一三〇〇～一四〇〇人いる社員をあげて、何か役立てられることはないだろうか」といった主旨のお尋ねがあった。涙の出るほどありがたい申し出だったが、

「山仕事なり山の経営のことにかかわるのなら、やはりそれなりのノウハウをもっていないと無理です。早い話が最低限、ナタやノコギリぐらいは使えるということでないと」と咄嗟にお答えすると、社長さんは、

「実は最近山を少しばかり手に入れ、自分自身、山が好きなものだからナタやカマを持って行くんだが、何から手をつけていいかまったくわからない。そういうノウハウをぜひ教えてほしい」と相当な思いを入れておっしゃった。

　いろいろお話をしているうちに、会社で森林学校をつくるとしたら校長になってくれないか、

というような話になった。私は大学とはいえ、いろいろな決まりごとや時間に縛られる生活が長かったので、退職後はフリーになって山仕事をやってみたいと思っていた。そこで、「せっかくのお計らいですが、身分がまた縛られるようなことは勘弁してくれませんか」とお答えした。

しかし、社長さんは何か一緒にやれる方法はないかと私に再考を促した。最近あちこちに森林塾というようなものがあって、内容はともかく森林や山造りに関することを学習する場がある。そうしたことなら、やってできないことはないが——ということになり、ほとんど即決でKOA森林塾はスタートすることになった。

退職するまでの間に、森林塾選任の社員(現森林塾事務局長の早川清志さん、四六歳)が配置され、年一五回開催のカリキュラムや最低限必要な教材も準備された。また、塾の講師が私一人では心もとないこともあって、中学時代の同級生でご自分の七〇ヘクタールに及ぶ山林経営を果たしながら、長野県の指導林家でもあった保科孫恵氏を推薦したところ、快く受け入れられ、私が動きやすいよう彼に塾の校長役を担っていただくことになった。

一九九四年四月、私の退職と同時に二週間に一度のペースでKOA森林塾は発足した。

KOA森林塾の目的には次の五項があげられている。

一、地域の小規模山林主に山造りの基本的な考え方と基礎的な技術を身につけてもらい、自分の山を十分に手入れしてもらいたい。
二、地域内外の山を持っていない人にも山造りの考え方と技術を身につけてもらい、必要なときや要請を受けたときにそれを生かし山造りをしてもらいたい。
三、地域や日本の森林の現状や施策を関心のある人に知ってもらいたい。
四、誰もが山に入り山の手入れをする。その楽しさと素晴らしさを知ってもらいたい。
五、森林の問題を通して、今の自分たちの生活を見直す機会を持ってもらいたい。

森林塾は今年で六年目になるが、初年度から期待した森林所有者や地元の人の応募はほんの

ＫＯＡ森林塾 樹木分類の説明をする著者

わずかで、大部分の参加者は地元外の県内者が二〇%、県外の主に都市部からが八〇%ほどを占めている。当地域だけに限らないが、地元には自己山林の経営や雇われで山仕事をしようとする人々はほとんどいなくなっているようだ。

　塾への参加者はおしなべて都会の人々が主体で、当初は一七～一八名、それが三〇名、四〇名になり、今年は五〇名を超えるようになった。二年、三年、なかには五年も続けて参加している人もおり、三年以上になる人はサブインストラクター役を果たしてもらっている。北は東北地方、南は九州地方からの応募者もあり、遠隔のため通いでは参加しかねる人々のために、四年目からは夏季と秋季の二回、二泊三日にわたる合宿の集中塾も併設され、毎回二〇名ほどのメンバーも集まってきている。

チェーンソーによる初めての伐倒

　基本的な研修メニューはほと

んど変わっていないが、年々の参加メンバーからの要望や助言もあって、その内容は随分豊かになってきた。何よりも多彩なメンバーが醸し出す塾の雰囲気は、研修内容の累積も伴って、KOA森林塾が掲げた目標の多くをすでにクリアーしているとさえ思われる。

受講者の構成は年々変わっているが、緑とか地域の活動に携わっているボランティアであったり、しかるべき組織に属している人々も随分多い。最初は単にこういう機会に田舎に来て緑に接したいという人々が多いのではと思っていたが、実際はもう少し突っ込んで主体的に森林とか林業のことにかかわっていきたいという人々が多かったように思われる。地元の人々は少ないが、今はそれも仕方のないことと割り切りたい。

一九九九年度のKOA森林塾の募集案内には「あなたも今日から森林人」と題して、次のような文章が綴られている。

ランドサットによる衛星地図で日本を見てみますと、色鮮やかな緑色が目にとまります。実際、日本の面積の三分の二は森林で、東京のような大都会でさえ車で五〇～六〇キロメートルも走れば森の中へ入ることができるでしょう。

そのような森林の国日本ですが、いま森林はどのような状況におかれているのでしょうか。

現在あるスギ、ヒノキ、カラマツなどの人工林は国の政策として、ほとんどが戦後に植林されました。順次成熟期を迎えようとしていますが、それらを手入れし、伐り、引き出す、人も技術もどんどん少なくなってしまいました。木材需要の八〇％に達した外材に価格面で太刀打ちできなくなったことが理由の一つです。先人たちの努力で、長い間美しく維持されてきた里山の雑木林でさえ、やはり手入れ不足で少しずつ荒れ始めています。適度に間引き、燃料や肥料に使うということもほとんどなくなりました。人の造った森林は、人に見放された時から荒廃し始めます。

山仕事はけっして難しいものではありません。自分でやれば、お金がかかるものでもありません。目的をはっきり決め、休日を少し使って、多少の技術としっかりした考え方を身につければ、まったくの初心者でも、すぐに山造りを始めることができるのです。なぜそうしなければならないのか、いつ、どのようにすればよいのかをお教えします。（中略）

山林主の方はもちろん、木が好きな方、森が好きな方、一緒に山仕事で汗をかいてみませんか。休日を一日使って、心と体を一つにする作業をしてみませんか。

老若男女、経験のあるなしを問いません。あなたの森林に対する思いを一歩進めてみませんか。山をデザインし、森をデザインし、そして少しずつ手入れを始めて自分のまわりの森林を再生させてみませんか。

ＫＯＡ森林塾は五年間で百数十名の塾生に参加していただき、なかには地元で仲間を集め公有林の手入れをボランティアで始める方や、自分で切った木で小屋をつくった方などいろいろな広がりを見せています。

ＫＯＡというひとつの企業が始めた森林塾はすでに六年目を迎え、今年は五十余名の大所帯となっており、年々新聞紙上や各種雑誌、テレビ映像などによりその活動の様子なども伝えられ、世間的にはおしなべて好意的な評価を得ているように思われる。また、塾生の多くがそれ

表2　ＫＯＡ森林塾のコース別カリキュラム（1999年）

■Ａコース（４月から翌年２月、年間15回土曜日）
４月24日（土）地ごしらえ、植林および入塾説明会
５月８日（土）樹木分類、山菜採り
５月22日（土）伐木造材、チェーンソーの手入れ
６月５日（土）測樹、施業診断、林木評価
６月19日（土）測量と製図
７月３日（土）下草刈り
７月17日（土）間伐（保残木マーク法）
８月28日（土）、９月11日（土）、９月25日（土）、10月９日（土）、10月23日（土）、11月13日（土）、11月27日（土）、２月26日（土）
伐出、きのこ狩り、林道設計、枝打ち、刃物の手入れ、建具店や木材市場の見学、炭焼き、そば打ち、きのこ菌打ちなど
・定員は30名とさせていただきます。
・講師の都合や天候によって日程の変更や内容の入れ替えをする場合があります。通信にて随時ご連絡いたします。
・実践は９時～４時くらいの予定です。
・参加料（交通費、食費、保険などは除く）……入塾時一括、通年で42000円または入塾金7000円と１回参加ごとに3500円（２年目の方は入塾金は5000円）
・３年目以上の方はサブインストラクター（無料）として登録してください。
・当方にて斡旋させていただく保険（傷害、賠償責任）にご加入ください。（年間5500円程度）
・作業のできる服装、はきものをご用意ください。
・あればナタ、ノコギリ、ヘルメットをご用意ください。

■Ｂコース
１．夏休みの部（７月30日金曜～８月１日日曜）
　伐木造材、刃物やチェーンソーの手入れ、下草刈り、除間伐など
２．秋の連休の部（10月30日土曜～11月１日月曜）
　伐木造材、刃物やチェーンソーの手入れ、枝打ち、除間伐、炭焼きなど
・定員はそれぞれ20名とさせていただきます。
・参加料は15000円程度です。（交通費、食費、保険、宿泊費などは除く）

ぞれの地方で仲間と一緒に本格的な山造りを始めたり、自ら伐った木を無駄にしないようにいろいろな用途に振り向けている、などの情報も伝えられている。

しかし、こうした森林塾の歩みとは裏腹に、依然として衰退の色濃い日本の森林や林業活動を目の前にすると、もう一歩突っ込んだ形の森林塾のあり方を検討していく必要もあるように思われる。少なくとも講師陣の限界が塾の限界となってしまうようなことだけは避けていきたいものである。

島﨑山林研修所（山林塾）

私は信州大学に一教官として在勤中、ずっと農学部付属演習林に籍を置かせていただいた。昭和二六年一〇月に赴任して以降、主として林学科の教育・研究とも深くかかわりながら、特定の研究室に所属しなかったことが幸いして、森林や林業に関係するほとんどの分野にわたって学習することができた。主な演習林での足跡をたどると、

昭和二六年～四五年　苗畑の維持管理、五〇アール、苗木造り（年間五～一〇万本に及んだこともあった）

昭和三〇年～三五年　西駒演習林の獲得（二五〇ヘクタール）、製炭（一六キロ俵、年間二〇〇〇俵の生産。跡地へのカラマツ造林）

昭和三五年〜四二年　パルプ材の伐出＝索道、集材機の導入

昭和四三年〜　手良演習林の獲得（二二〇ヘクタール）、ヒノキ材の伐出。一〇〇ヘクタールのカラマツ、アカマツ新植地の管理。ブルドーザー、バックホーの導入＝林道開設

昭和四六年〜五一年　ヒノキ・カラマツ林の間伐試験。カラマツ林の列状間伐の現地適用

昭和五二年〜六二年　スギ林の間伐試験＝保残木マーク法の現地適用

また、この間の主な担当教授科目は、造林学実習、樹木（分類）学実習、測量学および実習、測樹学および実習、林道設計演習、森林経営計画学実習、運材計画学実習、森林評価学、森林作業論、木材価格商品論等々で、学問レベルに及んだものはほんのわずかに過ぎなかったが、木材利用や治山・砂防関係を除くと、ほとんど〝なんでも屋〟的な林学徒の四二年半をおしなべて愉快に過ごさせていただいた。

その間、私なりに心を痛めはじめたわが国人工林のゆく末が案じられ、六〇歳を過ぎる頃から各地での間伐の研修指導だけでは事足りず、己の体力の限界も考えて、職を辞して一人親方になって山造りの実践活動に入ることを考えはじめていた。とにかく山造りや木材の伐出にかかわるノウハウは思いのほか身に染み着いてしまっていたからだ。

ところが、定年が間近になると後任探しが半ば慣習のようになっていたが、いささか特異な業歴であったため、適当な候補者が見当たらないまま平成六年三月、六五歳の定年を迎えた。

前日夜更けまでのお別れコンパと打って変わって、四月一日は念願の一人親方の出初めの日となった。退官記念講演で約束した「山造り承ります」の大層な看板を掲げた私の出番を心待ちにしていてくださったKOAの向山社長さん、塾生第一号の早川さんはじめ関係社員、受託第一号山林の持ち主、山荘ミルクの向山さん夫妻、KOA森林塾校長をお願いした指導林家の保科さんらと共に、アカマツ林の間伐によって私の山林塾はその第一歩を印すことができた。

山林塾開設の念願は、在職中からずっと心を痛めてきた手入れ不足な山林の再生に、なんとか身に染み着いたノウハウを役立てたいとの思いだけである。本来、それぞれの山主が己の山林をそこそこ手入れしてきていれば、私などの出る幕ではないが、そんな状況でないなかで山林塾は発足した。私のノウハウとたまたま恵まれた体力を持ってすれば、一人親方の生業としてもそこそこはやっていける自負もないではなかったが。

一人親方とは元来個人請負の職人で、林業の場では以前からかなり存在していた。自分で好きで始めて、必要な機械類も整えて、収支の合う山仕事を請け負う。自分で直接山主に頼まれる場合もあれば、森林組合などとの契約で下請けすることもある。昔の炭焼きさんもだいたい一人親方であった。私が関係している地元の素材生産共同組合の組合員のなかにも、表面上は一人親方とはいわないが、一二の業者のうちその半数は個人の請負業で、今もけっこうな収益を得ている。

一人親方になりたい未練もないではなかったが、在職中から主に収入が見込まれそうもない山林の取扱いに携わってきた身には、年金もあることだし、仕事の収支は二の次にして、依頼のあった山造りや伐出を果たしながら一人でも二人でも森林所有者を再生したい、山持ちでなくても本気で山仕事に携りたい人には基本的なノウハウを伝えたい――、そんな思いの自称山林塾である。

当初は、KOAの好意で派遣された早川さんと、KOA森林塾開設に伴う準備に追われながら、山林塾の山仕事に必要な機材の調達も急ピッチで進められた。森林塾関係では、測樹実習用の器機、チェーンソー、草刈機、ナタ、ノコギリ、ヘルメット、トグワ等、とりあえず二〇人分ほどの研修に必要な数が整えられ、また塾の根城となる施設にはKOA社内に新築されたばかりの集会所が当てられた。

一方、私の山林塾は事前から家内との了解のもとで、退職金の過半をさいて三〇坪ほどの山小屋の建設と山仕事用の機材購入に当てることとし、とりあえず軽トラック、林内作業車（キャタトラ）、集材架線一式（ラジキャリー）、薪割機、チェーンソー、木登り用梯子（ワンタッチラダー）、チルホール等々を次々と手当した。

早川清志さんはK大学農学部の水産学科出で山仕事はまったくの素人と聞いていたが、学生時代からカヌーの達人で、四〇歳半ばとはいえ野外活動が大好きということもあって、なり振りは構わないしナタやノコギリはおろか、チェーンソーの扱いにもたちまち馴染んでしまった。

四月下旬から始まったKOA森林塾は隔週の日曜日開催とあって、測量や測樹、樹木実習が矢継ぎ早にやってきて、その都度早川さんと事前の打ち合わせや準備に追われたが、後に「早川コンピュータ」と言われるほどに計算は早いし、マンツーマンの学習即実践方式であったことが幸いして、たちまち一人の〝森林人〟が育っていった。二、三カ月の後には、受託したいくつかの山の間伐材の伐倒や搬出を始めたが、トラクターの操作や架線の架設・撤収作業にはこの上ない相棒を得た思いだった。

一〇月には念願の山小屋（後の島崎山林研修所）の建設にとりかかった。土間（薪ストーブ付き）、板の間（いろり付き）、八畳二間（床の間、押入付き）、バス・トイレ付きの三〇坪足らずの木造平屋建で、一五人ほどの宿泊可。ひょんなきっかけで県の職業訓練校建築科の教材に付したため、建築費は格安で済まされた。また、訓練校の希望で工期は二年次にわたったが翌平成七年五月には完成し、以後私の山林塾やKOA森林塾集散の根拠地として今日まで望外な活用に付されている。

この間、当山林塾に参画した研修生（塾生）で保科さんや私ら先達のノウハウをほとんど身につけてしまった面々は、六年間も一緒に仕事をしてきた早川さんも含めて、次の十数名に及んでいる。

　大野静夫さん（東京出身・五一歳）、内田健一さん（神奈川・三三）、木下渉さん（富山・三〇）池田恭一さん（東京・五七）、中村豊さん（兵庫・三四）、藤原祥雄さん（新潟・三二）、遠藤喜夫さん（東京・四九）、後藤知之さん（大阪・三八）、川島潤一さん（福岡・三二）、猫宮大輝さん（北海道・二三）、浜田正幸・久美子さん夫妻（神奈川・三八）、斉藤寛さん（山梨・三三）。このほかKOA森林塾を終えた後も、折に触れ山小屋や私たちの山仕事等に参加し、自らの研修を兼ねて後輩の手引きをしている十数名の頼もしい面々も顔を連ねている。

　私の後輩でもある林学を学んだ斉藤、内田、

島崎山林研修所（上は看板）

木下、猫宮の諸氏を除くと、森林とか林業とかにはまったく無縁の職域から参加したいわゆるIターン組がほとんどではあるが、一定程度の基本さえ身につけば、森林と共生していくことはそれほど難しいことではないことをそれぞれのメンバーが実証しつつあり、かつ、より良き森林への理解者が年々増え続けている。

これらメンバーのうち、内田さんはすでに一人親方として地元部落有林八〇ヘクタールの山造りに専念しているし、木下さんは地元有力素材生産業者の中核社員として活躍している（早川さんも含めて両氏はGM研修修了）。大野、池田、遠藤、斉藤の各氏は本業の傍ら、それぞれの地元で個人的あるいは地域の山造りにいそしんでいる。また、浜田夫妻は地元横浜からKOA森林塾に参画した数名のメンバーと共に、後述する長野県佐久市の大沢財産区で続けられている「愉快な山仕事講座」や、横浜市の「桜ヶ丘・森の仲間たち」の仕掛人となって、いずれが本業かわからないような〝親林活動〟を続けている。

現在、山林塾に身をおいている中村、藤原、後藤の三氏は昨年度のGM研修を終えているし、川島、猫宮（来春北海道の大手林産会社に就職内定）両氏は本年度の研修に参画している。

3Kに代表される森林作業ではあるが、汗して得られる森林とのつきあいのなかからは、「材価が安い」ことに集約されて衰退し続けている日本林業の現実を乗り越える新たな力が芽生えつつあると実感される。

これからの山仕事の担い手は、森林組合とか関係業者の下でただ単なる人夫として働くということでは済まされないであろう。これでは次の時代を担ってくれる人材は育ち得ない。山が好きになり、山仕事が好きになり、森林とか林業の見方、考え方をきちんと身につけ、それぞれ何人かの若い人なり後輩を仲間に引き入れながら、山造りができ、その一連として伐った木を運び出して有効利用に仕向けられるような優れた技能集団、すなわち山守りの創生が急がれる。

残念ながら、当初期待した地元の山林所有者や関係者の参画はほとんど見当たらなかったが、「来る者は拒まず、去る者は追わず」の自由な雰囲気のなかで、遠隔の各地から貴重なお金と時間を費やしてＫＯＡ森林塾に通い続けている皆さんや、職を捨て地元に移住までして学習を重ねている塾生の皆さんの思いに応えていくためにも、当山林塾は「私たちのもの」として十二分に利活用していって欲しい。

これからは誰かに抱えられるというよりも、やはり一人親方になって理想としては一人で何十ヘクタール、できれば一〇〇ヘクタールぐらいの山林を所有者から受託してやっていけるような職場の創出も考えていきたい。ある程度規模が大きくないと生業にならないが、すべて所有者からの委託料でやれるというのが理想だ。一ヘクタールを毎年預かったら、たとえば三一～四万円とし、その代わりこういう山造りをしていきますと示して、計画通りに山造りをする。

少なくともそれが一〇口あれば三〇万円、一〇〇口あれば三〇〇万円になる。こうなれば、単なる人夫ではなくて個人事業主になるわけだ。

それには相当なノウハウと経営的な視点をもっていないとできない。

駒ヶ根モデル山守り

私は長年の体験から、山造りや木材の伐り出しといった作業は、そんなに難しいことでもないし、手間のかかるものでもないことを強調してきた。庭木や盆栽の手入れほどのきめ細かさはいらないし、また農業のように土作りや農薬施肥などを通して真っすぐなキュウリ、玉揃えされた果実を作ることに比べたら、格段に手間もノウハウも必要としない。

ちなみに、三〇〜四〇年以前までは格別な林業地や林業家を除けば、大多数の林家はほとんどノウハウなしでけっこう立派な山造りや伐り出しをしていた。森林の内容はともかく、最近の二〇〜三〇年はほとんど天然任せでも国中が緑一色に包まれてしまう国だからでもある。

また、林家の九〇%近くは五ヘクタールに満たない小規模な森林の所有者であるだけに、基本的な道具の使い方や山造りのノウハウがあれば、毎年数日〜十数日も手入れをすれば、そこそこな森林に仕立てられよう。

この五年あまり、山持ちでないまったくの素人の多くの塾生と接してきたが、わずか一〇回か一五回の基本的な学習を積んだだけで、それぞれの地方で山造りや丸太の運び出しを始めているケースを見ると、山への思いさえあれば山仕事は誰にでもできることが実証されつつあると思われる。

実際の山のノウハウを受け身で学習するのはどうしても限界があり、結局いろいろなパターンで能動的に実践を繰り返すということがないと、本当のノウハウは身につかない。

一度学習してきたことを自分で実践して、どこがわからないのか、どの知恵が足りないのか、実際に体験してもらうためには、あるところまでは私らが一緒に歩いて学習してもらうが、ある段階に達した人には自分の責任で一つの山を任せることを試みている。「箸にも棒にもかからないような山だったら私に任せてください」と言いながら委託された山でも、手入れをしてみるとけっこう面白い山になる。塾生らの希望があれば、一人ひとりにエリアを決めてそこの責任者になってもらって、企画立案からやってもらうという試みだ。

これら委託された山の最終責任は私がとるという前提でやるわけだが、計画立案ができたらそれを見て現地検討をして、隊員同士で原案を論議して、大方の合意が得られたらそこから先はお任せにして、すべてその人の責任でやる。

ただ力量がなかったり、一人でできない仕事もあるので、そのときは隊員の間で助け合う。機械や道具類は、それぞれが揃えても無駄なので、山林研修所が必要なものはできるだけ揃えて、それを使ってもらう。

現在、手がけている駒ヶ根のモデル林は、委託者が必要経費も見積もっているが、お金になる木もかなりあるのでプラスの収支になる可能性もある。こうした場合、広い面積の山を少人数に任せてしまうとどうしても広さに圧倒されるので、一〇とか二〇アール単位の二〇口ほどに小分けして一人一口ずつ担当してもらうことにしている。

委託者との間では、最初の年は手入れが滞っているため経費がかさむが、二年目からは一ヘクタール当たり三万円ほどの維持管理費で請け負わせてもらうことにしている。その範囲内でそれぞれの担当者に毎年何日間か自主的に面倒を見にいってもらう。

このモデル林は駒ヶ根市の高原観光地のど真ん中にある里山の平地林二・三ヘクタールで、上木はアカマツやスギの七〇年生ぐらいの林で、太くて高さも三〇メートルぐらいはある。その下にヒノキが植えられており、いわゆる複層的な林になっているが、観光地の真ん中にありながら整備が滞っているので、見た目にも悪い。その一部は一〇年前に長野県の複層林造成モデル事業として私らが第一次の手入れをしたのだが、最近になって第二次の手入れの必要性を提案してきた。一〇年前のモデル事業はわずか二〇アールにすぎなかったが、今度は二・三ヘクタール全部を任せられた。

また、別の地区からもサワラ林の施業委託を受けた。面積四〇アールほどの小林分であるが、スタッフ全員で抜き伐りと材の搬出の学習を行なった後、塾生の一人に担当を任せ、翌年以降も継続して適度な報酬を得ながらその山を造っていくことになっている。

プロ養成の場、その実践の場として、この方式を増やしていきたいと思っている。独立して山造りや伐出をやって、自分の力量でどこまでできるか、どこができないかを試しながら自認してもらう場だ。最終的には私の責任ということになるが、それぞれの担当者は所有者とのコミュニケーションも含めて全責任を負ってもらう。いわば中間の訓練の場だが、かなり意識して所有者に代わって山造りを担ってもらうこととしたい。

こうした研鑽を積んだ塾生は、本人の希望に沿っていわゆる一人親方になってもいいし、あるいは指導力のある業者や森林組合などに所属しながら、なお一層の技量や山造りへの情熱を磨き、本物志向の山守りに巣立っていって欲しい。

UターンやIターンをしてまで山での働き場を求めている数多くの人々には、単なる労務者扱いの受け入れでは、その貴い思いを満たしてあげることはできない。やらなければならない山造りや伐り出しの仕事は、まさにごまんとある。その成否の鍵《キー》は受け入れ側の体質にかかわっている。一歩間違うと壊滅さえしかねない山林労働力事情を考えると、在来の対応施策はあまりにも非力と断じざるを得ない。次代を担う洗練された山林労働力の創出は、まったく新たな発想の下で早急に発足させなければならない。何百人とか何千人の単位ではない。五万人、一〇万人規模の誇り高き山守りの出現が待たれるのである。

サンデー山守り

森林塾や山林塾をやってみて、山持ちではない都会の人で、実際山に入ってみたい、山にただ入るだけではなくて山造りというものを本格的に一度やってみたい、別に山林を所有したいとかではなくてライフワークのなかであいている時間を使って参画したい、という希望者は潜在的にかなりいる。

実際にこれだけ周囲の山が手つかずで放ってあるということになると、正攻法の担い手づくりも当然やらなければならないが、正攻法ではないところで、いわゆる一般の人たちのなかでやってみたいという層を何とか仲立ちできないかと思う。

おそらく、山元の森林組合や関係者のなかには「素人がそんなことやったって何ができるか」という声も聞かれるだろうが、それでは山仕事はプロにしかできないのか、気軽に山仕事を頼めるプロがいったいどこにいるのかという反問も出てこよう。

日本の森林所有者がこれだけ意欲をなくしているなかでも、とにかく土地は手放さない。売ろうとしても、二束三文のお金にしかならないので、手放すことは多分ない。そのために山が放置されていく。関係者でない人の方が危機感があるので、それを有効に活用してやれないかということである。

実際に山に入って仕事をすると、ずいぶん危険も伴うので、事故への対応などは真剣に考えなければならない。しかし、だからといってやめてしまうのではなく、保険なども考えに入れながら、どうやったら今の社会通念のなかでクリアーできるかを考えていかなくてはならないだろう。

決して初めから力量以上のことをやろうと思わずに、できるだけ安全な場所でやりやすい所から手をつけるといった心がけも大切である。

そういう人のなかには、間伐などの端材を出して有効活用しようという人も少なくない。そのとき簡便な運搬機械や製材機でサポートできる仕組みも必要になってくる。

山持ちさんがみんな自分の山を守ってくれたら、今日のような問題はなくなる。しかし、所有者が自分でできないのなら、委託するしか方法はない。自分でやったらお金にならないと言いながら、それを人に委託しても知らん顔では済まされないので、どこかで合意形成をして、出せる経費を生み出さなければならない。

しかし、これはまず所有者に相当な理解がないと進まない。そんな仲立ちができるのは元来地域の林務行政や森林組合の役割と思われるが、日常的にこうしたことが受け入れられるような体制にはなっていない。

とにかく一方に膨大な人手を待っている山があり、他方に余暇・休暇を利用してそんな山造りに本気でかかわりたい人々が数多く存在する。仲立ちするためには、かかわりたい人々のレベルに応じた林地の提供、必要に応じた手入れの方法や使う道具類の手ほどき、繰り返し同じ林地の維持管理にかかわれるような仕組み等を考えなければならない。

単なるボランティアという位置づけではなく、それより一段上のレベルでやるのであれば、経費の用立ても必要であろう。収穫材の処分価格、適用される補助金額、所有者の負担額等を合わせてなんとか最低額を補償するぐらいのことは考えていかねばならない。

また、外部の人が山造りをすることによって、地元が「おい、あの衆でもやってんのにオレたちがこれじゃいかんじゃないか」と意識を変えていく材料にもなるだろう。

問題は、世界一恵まれた森林群を抱えながら、その取扱いをもてあましている山側の関係者に、こうして山造りに手を貸そうとしている都市部の人々を正当に受け入れ、有効な戦力に導くような優れたリーダーがほとんど見当たらないことである。「サンデー山守り」の存在は、受け入れ側の態勢の在り方によっては、双方にとって有望な交流の場たりうると思われるのだが。

愉快な山仕事

すでに佐久の大沢財産区で始まっている一つのケースがある。財産区とは共有林の管理組織の一つである。ここでは長い歴史があって、三百何十ヘクタールという森林を所有しているが、やはり一般の山林と同じようにその維持管理は厳しい状況にあった。森林に対する魅力がだんだんなくなっていくにしたがって、交代制の議員さんたちの負担感が増していた。財産区の議員は五〇~六〇歳の方が四年交代で各部落から二人ずつ推薦されて一二人で構成されている。

この共有林を何とかしなければならないと思っても、材は売れても安い。林業以外では別荘地やゴルフ場をつくってずいぶん金が入る財産区もあるので、いろいろ迷いながらどうするかと協議をしていた。

たまたま佐久で行政的な間伐研修があったときに、大沢の議員さんが四、五名来ており、「山を一度見てもらって何かアドバイスをいただけんか」と言われて、早速見に行った。このときちょうどうちの塾生の浜田久美子さん、松下優子さんも同行していた。彼女らは都会出身だが、「こういう研修もいいんだけれど、自分たちの力で実践もしてみたい」という気持ちを表したときに、財産区の議員さんたちが、「それならうちに山あるよ。今日みたいなところでよけりゃ、いくらでも提供するから、どう」と言ってくれて、そこからとんとんと話が進んでいった。

浜田仕掛人が率いる都会の集団と、地元の人が共に学ぶ場にできないかという方向に向かった。地元のなかにも議員などでかかわっている人もいるが、地元の山持ちさんでありながらこういうことにかかわっていない若い世代もいるかも知れない。

これが、おととしの秋には具体化して、だいたい企画通り地元と地域の行政もかんでくれた。行政サイドも何か仕掛けていかないとこのままではどうにもならない、という雰囲気があった。早速その秋、三泊四日の研修が実行された。参加者からは最低限の経費徴収をしたが、広い宿泊所を無償提供してもらったこともあって、非常に安上がりでできた。

三日間、ナタやノコギリなど道具の使い方、チェーンソーの扱い方、メンテナンスの仕方などの基礎から始まって、提供されたカラマツ林だけではなく、その中に生えているクリやナラなどについても勉強しながら、この山をどうしようかという話し合いをした。

保残木マーク法で、将来残す木をポリテープで印してそれ以外は全部伐ってみようということで、安全に倒す方法などの伐採の基本を研修しながら、一人ひとり手ほどきするぐらいの訓練をした。材を出すときは長さや太さによってきちんと仕分けして、その日のうちに業者に売るまでを、一連して体験してもらった。

総勢四〇~五〇名にも及んだ参加者は、やればできるということを強く実感できたようだ。初め一人ひとりは、「えー、そんなこと」と腰が引けていたが、ある一定程度の基本をしっかり身につければ何とかなるものだということが実感できたようだ。

当初、地域の人たちは「おい、そうは言ってもできるかい」という感じで、できなくて元々ぐらいだったが、一ヘクタール近い面積の山の手入れがあれよあれよという間にできたので、こういうパワーがそこまで来ているということを随分彼らには再認識してもらったと思う。

この試みは今年で三回目になるが、企画する側では少しずつ内容を変えている。特に一、二回目に参加したOBたちが「一度来たら、またやってみたくなった。今度は自分たちでやってみたい」という気持ちになって、別の林地の提供を受け「自分たちの山」といった気持ちで手入れの範囲を広げている。毎年、手頃なフィールドが提供されるので、今のところ無理なくできているし、地元の人の希望もあるのでこの方式はしばらく続くであろう。

こんなことが二、三回あっただけで、山をなんとかしようと地域の考え方がガラッと変わるようなことはないが、一、二回目の手入れ跡地が地域の間伐モデル林になったり、ある機関で

大沢財産区での「愉快な山仕事」講座（撮影／楓大介氏）

表彰されたりしたので、何か行動を起こせばそれなりの評価があるものだという意識は浸透したようだ。おそらく、ずぶの素人集団が成し遂げた山仕事としては、全国一の成果ではなかろうか。

しかし、まだ第三者的に見ると、やはり山の維持管理というのは大変だという気持ちが根強く残っており、この方式でどんどんやれるという状況にまでは至っていない。

山というのは年数が経過するほど成熟する。今は外材に押されているが、日本の森林から生産される材は将来は相当に資源として有効になっていくだろう。そのときに、手入れをして一定程度の健全な山を造っておいたのと、何もしないで放っておいた山とでは歴然と差が出てくる。今こういうどん底のときに、難行苦行ではなくてある程度楽しみながら充実した気持ちで手入れをして現場に山が残っていくということは、もっと評価されて然るべきだろう。かなり確信もって言えるが、一〇年、二〇年先には必ずこういうことが評価される。

実際におととし手入れをした山は、どこから手をつけていいかわからないという山だったが、手入れの後に著しく太ったり伸びたりしたわけでなくても、今、自分たちの側に寄り添っているというような実感は、この山造りに参集したみんなが持っていると思う。この実感を大切にしたい。

そして、やはり本当は地元の人に、「今日は一日みんなで楽しみのつもりで参加して、都会の衆よりオレたちの方がうまいとこを見せてやろうか」「ほいじゃ、議員さんのやる山と私たちのやる山とどっちがいいか、比較してみますか」というような気持ちを持ってもらいたい。

同じことをやっても、気持ちの上で開放的にできるか、閉鎖的になるかというのは、仕掛けさえ良ければ、あとは考え方の問題である。地元の人は、日常生活がギリギリだといって多少考えていても、何もやっていない。重荷になって悩んでいるだけで、やっていない。そこで、実行するというのは、やはり相当に迫力がある。

実際、奥の山をずっと回ってみると、我々が関与した部分はたしかに何か見えてきたが、大部分はまだまだひどいことになっている。だからこれは議員さんらだけがとりしきっていればいいというものではない。どこかで全体の考え方を変えていかないと、特に共同で広い面積の山を持っている場合は、いったん無責任になったらそこから先は動かなくなってしまう。

全体の受け皿などというものは、どこにもない。今地方の時代と言われているが、もともと地方で地方のことをやれば良かったのだ。それを、なんかうまいことがあるかとあまりにもみんな中央の方向を向いてきたが、実は何もなかった。中央を向いている間に地方はエライ（ひどい）ことになってしまった。だからここら辺で大きく方向転換をしなければならないだろう。

地域に人がいないわけではない。ただ、できない人はいるかも知れないが、人はいるわけだから、そういう人たちに対して再生をはかる意味でも、佐久の「愉快な山仕事」が起爆剤になってくれるといいと思う。
続けていく限りは、私で役立つことはなんでも提供していきたいと思っている。

ネパール植林ボランティア

信州大学に在籍した最後の年（一九九三年）の秋、一人のネパールの娘さんを伴って来訪された安倍泰夫先生とお会いしたのが、私が植林ボランティア「NGOカトマンドゥ」に参画することになったきっかけである。安倍先生は松本在住の医師で、ヒマラヤ登山隊に参画したことがきっかけで十数年以前からネパールの首都カトマンズの北西七〇～八〇キロを隔てたトリスリ地域で植林活動に身を投じられ、初対面した当時すでに一〇万本を超える植林を支援されていた。

同伴のインツウさんは現地スタッフの一人で、用件は現地での森林造りにあたる専門家がいないため、彼女を信州大学の森林科学科に留学させ、必要な専門の学習を積ませたいが、両国の学制の違いで留学要件が整わず苦慮しておられた。幸い格別学歴等が問われない聴講生制度の活用をお薦めして翌年の四月からの留学が果たされた。

以来、私の山林塾を通して時折インツウさんの学習のお手伝いをしていたところ、その年の秋、安倍先生からもう一人のネパールの女性、デビさんの山林塾での研修を依頼され、引き受けることになった。県下のT高校で一カ月の日本語研修を終えた後、九月の末から二カ月間にわたって山の手入れや測量・測樹などの基本を学んでいただいた。

二人共ネパールで日本語の学習を積まれたとのことであったが、学習に支障のないほどの語学力で、その年の一一月末にはひと通りの学習を終えて帰国した。

その直後、安倍先生から「この二人に現地に建てた森林センターの教官スタッフになってもらっているが、日本とのいろいろな条件の違いなどがあって不十分な事柄も多いので、一度現地指導を兼ねてカトマンドゥのメンバーとして出向いてくれないか」との申し出があった。

彼女らの便りもあって不安でいる気持ちが察せられていたことと、個人的なネパール行きの希望も重なって、その年の暮れから正月にかけて安倍さんら五名の隊員に同行してネパールの地を訪れた。

デビさんらから聞いてはいたが、空港を降り立ったときから初めて接したネパールの情景はタイムトンネルを逆戻りしたようで、子供の頃の日本にも似た時代感覚がよぎった。それにも増して、翌日現地へ向けて出発間もなくカトマンズ郊外の峠から眺めた山々の情景は、ネパールの人々の生活の厳しさを感じさせ戦慄を覚えた。標高差一〇〇〇メートルは優に越すであろう全山の山肌が耕され、赤茶けた段々畑のパノラマが展望された。トリスリに至る七〇～八〇キロに及ぶ行程に延々と繰り広げられるこうした情景は、見慣れてきた日本の山々との落差の大きさをまざまざと思い知らされた。

　トリスリにおける植林活動の詳細は他稿にゆずるが、現地植林センターの仕事は、苗木つくりに始まって苗木の配布、植樹と続くが、植樹後の水やりを怠ると乾季の乾燥によって活着はおぼつかない。遠い水源や谷川からの水運びを欠くことはできない。日本隊員の牛乳パックや書き損じの葉書集めで得られた支援金などは、水源からの引き水のためのホースの購入などにも役立てられている。

　以来、四度の現地訪問でひとつの救いは、活着後の樹木の成長の早さである。日本の二～三倍は伸びるし、太りも良い。植林後三～四年で五～六メートル、七～八年の林は一〇メートルを超えることも稀ではない。また、落葉から枯れ枝一本まで貴重な飼肥料や燃料（たき木）に

耕せるところはすべて耕されたネパールの山

使われる土地柄であることから、育てられた樹木は幹はもちろん枝葉に至るまで余すところなく生活用の資材として利用されつくされている。こうした情景もこの上ない救いとなっている。生葉は家畜（牛、水牛、羊、ヤギなど）の飼料であり、小枝は燃料として、幹は各種用材としてすべて貴重品扱いである。

インツウさんとデビさんの再来日をはじめ、ヤショダさん、スマン君の来日研修を迎え入れながら伝授した枝打ちや間伐の技術はすでに活かされ始めている。とにかく彼女らの指導によって「抜き伐りは木と木の間隔が木の高さの二〇％ぐらいになるように、枝打ちは樹高の半分ぐらいまで」といったごくわかりやすい指示が徹底されているからだ。伐り抜いた木や切り落とされた下枝

薪運びをする少年

は即刻その場で解体され、一〇〇%が地域の人々に利用されている。時には枯れた根株を根気よく鉄パイプで掘り出して燃料に持ち去る老人にも出会った。

三〇~四〇年生もの間伐材を無為に伐り捨てしてはばからないどこかの国に思いを巡らせながら、その都度関西空港に降り立ったとき、暖衣飽食をほしいままにしている日本の姿が、なんと貧しくみじめに映ったことか。

あの戦後の痛ましかった日本の情景を思い浮かべながら、どうしてこんな日本になってしまったのか、林業の窮状を通して、その立ち直りを願う今日この頃である。

小枝一本、落ち葉一枚まで活かして生活しているトリスリの人々が、この上なくうらやまし

活着後3年目のチャンプの下に立つデビさん(右)とヤショダさん

くもせつなく思い出される。

第三章　逆風を越えて

膨大な手入れ不足

日本の森林に限らないことだが、天然生の山であれ、人工の山であれ、いったん人間が大幅に手をつけた場合には、どうしても人為で手入れをしていかなければ健全な山にはならない。林全体の密度を一代かけてどうコントロールしていくか、というのが手入れの要点である。

日本では人工林を昭和二五年〜四八年頃にかけて、年々三〇万〜四〇万ヘクタールもの大面積にわたって増殖してきた。この人工林に一代にわたって密度調整を二〜三回やるとすると、少なく見積もっても年々五〇〜六〇万ヘクタールは間伐をしなければならない。

ところが、林野庁などから公表されている現在の間伐実施面積は一年に二〇万ヘクタール台程度で済まされている。一代にただ一回の間伐をするだけでも年々三〇〜四〇万ヘクタール必要なのに、二〇万ヘクタールしかやらないのだから、どうしてもその残りは手抜きをしたまま累積しているのが現状である。

そのうえ、戦後の伐採面積とその跡地に造林した面積とを比較してみると、図2に見られるように伐採面積の五〇％ぐらいはそのまま人工林の対象にならず、天然再生林[*注]として存在している。こうした天然生林[*注]も人工林とほぼ同じ面積規模で存在するが、そのほとんどは皆伐《かいばつ》方式の伐採跡地に再生したまま、手入れの行なわれていない林が多い。日本の天然生林はほとんど放ってある。（注）天然再生林＝天然生林……原生林に人為が加えられた跡地に天然に再生してきた森林。

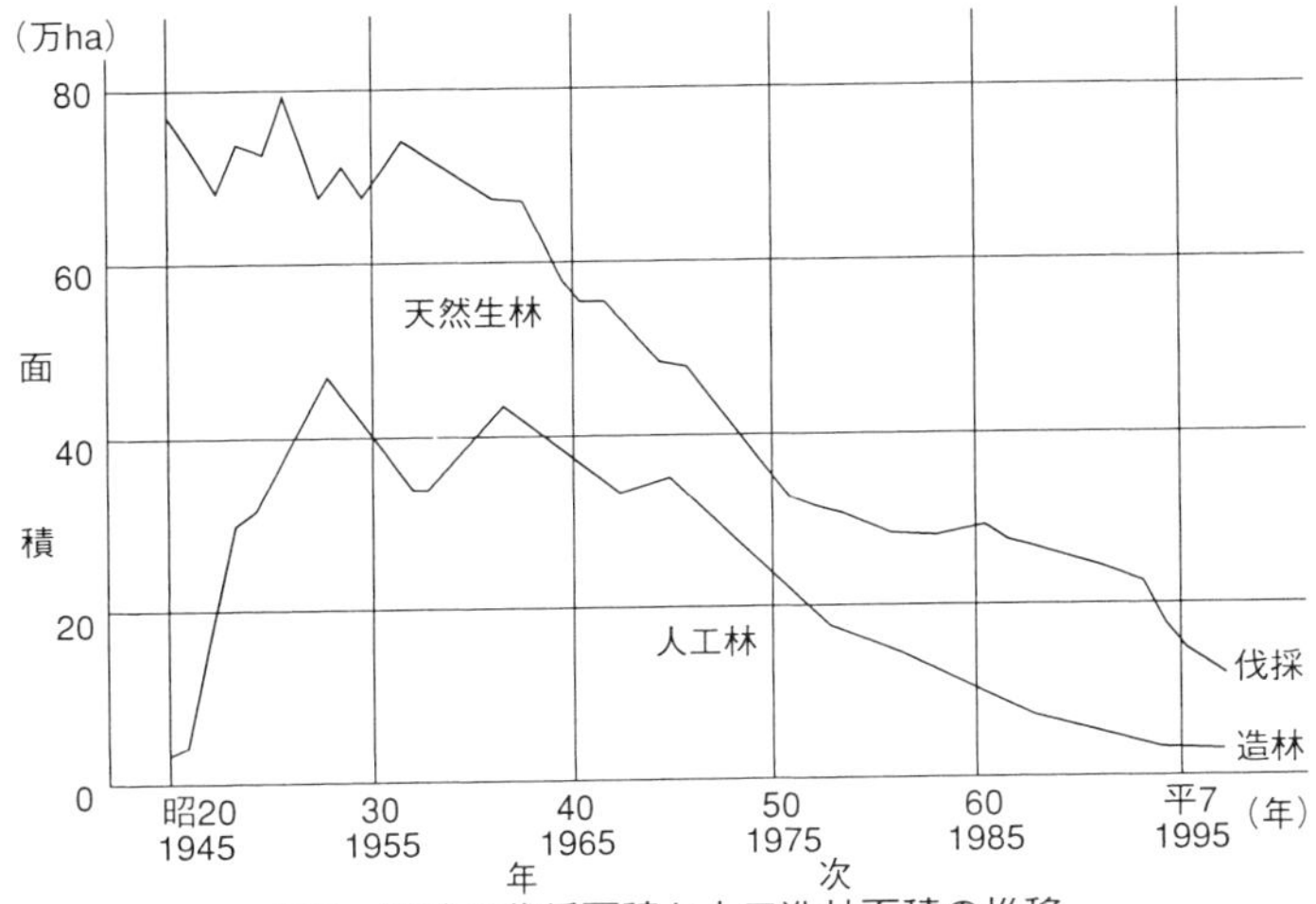

図2　戦後の伐採面積と人工造林面積の推移

昭和二〇年代～四〇年代までの外材がまだ少なかった頃には、林木は一般用材のほかに薪炭、パルプ用材、農業資材、葉や枝まで含めると飼料、肥料などにも使われていた。つまり、日常的にそれらを採取することで意識的な除・間伐などの手入れを施さなくても、いわゆる山に対して人間が適当に密度を調節するというかかわりができていた。

私は数年来ネパールに行っているが、ちょうど日本の三〇～四〇年以前と同じように、落ち葉一つまでも拾っていくという姿を見る。かつては日本もそうだったわけだが、それが日本ではまったく行なわれなくなってしまった。

今、人工林の七〇～八〇%、天然生林の九〇%あまりもが手入れ不足となって、とにかくそれらの面積規模が膨大なだけに、これは尋常な対応では済まされなくなってきている。方法論はあるが、対象が広大なだけに非常に危惧される状況にある。

拡大造林の功罪

第二次大戦が終わった頃は、日本の人工林面積は森林総面積の一〇%台ぐらいしかなかった。それが、戦後の三〇～四〇年の間に人工林面積は一〇%台から四〇%台へと大幅に拡大し、現在一〇〇〇万ヘクタールあまりという大きな面積になっている。

第二次大戦直後の頃はあまり奥山から木を伐り出すこともできなかったし需要も少なかったので、当初は主に里山から用材や薪炭材を繰り返し採取していた。当時は年間三〇〇〇～四〇〇〇万立方メートルの材木を使っていたが、そのうちの四〇%あまりは燃料に使われていた。燃料は繰り返し採取をすることになる。しかも、当時は都会でも電気やガスが十分には使えない時代でもあったので、薪炭の需給はかなり逼迫していた。同じ所から繰り返し採取されるので、土地はやせる。当時は〝ハゲ山〟という言葉が出るくらいだった。

一方、戦後しばらくの間、けっこう大きな台風に見舞われた。森林が疲弊しているところに雨が降る、崩れる、という繰り返しもあった。

こういう戦後の後遺症のなかで、荒廃した国土の緑化というのが国是となった。戦後間もなく造林緑化を進めるための法律まで施行して、伐った跡地は所有者がやらなければとにかく半強制的にでも第三者の力で植林していくということになった。

それからもう一つは、貿易がいつ再開されるかという見通しがないなかで、増大する木材需要に応えるため、奥地林の開発も急速に進められ、そのまま伐っていくと日本の森林資源は奥山まで丸裸になってしまうのではないかという危惧も募って、森林資源の培養を進めるための拡大造林（天然林の伐採跡地をより生産力の高い人工林に変換していくこと）も国民的な支持のもとに強力に推し進められた。

こういう緑化と資源培養という二つの柱を立てて、人工林化が進められてきた。なぜ人工林化していったかというと、天然に伐採跡地を放っておいてそこに再生してきた天然生林と比べると、人工林は成長が早い。特にスギ、ヒノキ、カラマツ、アカマツといった針葉樹の主要樹種を造林していくと、成長率が天然生林の二ないし三倍にも及ぶ。緑化をかねて資源培養をしていくということになると、有用針葉樹による拡大造林に踏み切らざるを得なかった。天然林を人工林に変えることを林業用語で「拡大造林」というが、この拡大造林が著しく拡大した。

それを可能にしたのは、日本のすぐれた森林環境である。日本は北半球の中緯度地域にあり、海洋列島であるために温暖多雨である。傾斜地は多いが、標高一〇〇〇メートル以下の森林が九〇％以上。いわゆる一〇〇〇メートルを超える高所はわずか一〇％足らずしかない。林木というのは断崖絶壁でもない限りは、三〇度、四〇度の傾斜地でも育つ。こうした条件に恵まれて、大規模な拡大造林が行なわれた。

拡大造林に際して、一般の所有者や各事業体に対しては、当時から造林補助金を出していた。「植えておけば…」と将来の夢も含めて、一般所有者の間にも人工林化が普及していった。

また、一般に奥地にある国有林や公有林、それから地域の市町村有林などのいわゆる公的な森林にも、その組織力で人工林が拡大していった。それでもなお足りないので、国の森林開発公団や都道府県単位の森林公社、造林公社など、いわゆる公団・公社もこぞって植え出した。結果として、里山から奥山まで一挙に拡大造林が進められた。今考えれば昭和の大事業として特筆されよう。これをもう一度やってみろと言われても、昨今の日本人の力ではとてもできないだろう。

ただ、人工林というのは最低限の手入れをしていかなければ、造った意図が完結しない。ところが、昭和三五年頃から外材の輸入が再開され、安い価格の外材が入り始めると、それまで一般物価をしのいで上昇してきた国産材価格の低迷が明らかになり始めた。

また、昭和三五年頃から始まる高度経済成長の過程で、農山村の特に若手労働力が大量に都会に流出し始めた。いわゆる過疎化という問題がちょうど重なった。こうした状況下で、外材で価格が安くなって夢が一つなくなり、そして人手不足によって、かなり急速に人工林の手入れ不足が始まった。

一方、天然生林は昭和三十年代に入って急速に普及し始めた電気、ガス、石油などの代替エネルギーに圧されて薪炭などの需要がなくなり放置されるようになった。また、天然生林はおしなべて若返ってしまったので、いわゆる天然生広葉樹の大径木が減少し、魅力がなくなって放置されているというのが現状である。

細くて年輪幅の狭いかんまんな材は、つくろうと思わなくてもできてしまう。細い木はいくらでもつくれる。それは密度が混んでくると、互いの枝葉が重なり合って陽光が林内に入らなくなり下枝が枯れ上がってしまうので、結果として個々の林木の葉量が減ってしまう。そうすると同化作用が低下して、太れない。つまり放置しておけば細い木の集団になるわけだ。逆に太い木は、一本ごとの葉量が多くないとつくれない。葉をできるだけ多くつけておくことが大切であり、下枝を枯れ上がらせないためには密度を適度に空かしてやることが必要になる。

人工林も天然生林も一定程度な密度調整を施すことが必要だが、両者とも更新面積が莫大であるために意図した手入れが著しく滞っている。

戦後、天然生林を人工林化していったのは、ある一定の面積、たとえば一ヘクタールのなかに樹種も年齢も多様な木が交じっている天然生林と、同一樹種、同一年齢の木が揃っているいわゆる一斉林《いっせいりん》とがあるとすると、どうしても一斉林の方が同じ面積のなかでは成長量が優っているからだ。

天然で放置しておいた場合の材積成長率は年間二～三％なのに対して、一斉的な人工林になると五％ぐらいにまで上げることができる。前述したように、戦後ハゲ山になってしまった日本の山に将来の資源培養という大きな期待が課せられたために、天然生林でおくよりも人工林化して材積の成長量を上げることが強く求められてきた。

たしかに、人工の一斉林が拡大しすぎたことや、途中から外材の輸入が増え続けた点などは、社会状況が戦後当時とは大きく変わっていったなかでは、それなりの変更を考えるべきだったかも知れない。しかし、少なくとも戦後の日本のあのハゲ山の状態を前にして、なおかつ復興と経済成長とで木材需要が激しかった時代のなかでは、成長量のいい山造りを考えたこと自体を間違いだったとは言いきれない。

里山に生えるコナラやクヌギなどの広葉樹類は（常緑広葉樹帯にはなじんでいないので割愛する）一般に中木（あまり樹高が高くならない樹種）であるものが多く、かつては主に薪炭材や身近な自家用材に使われてきたこともあって、それほど高木（樹高が二〇メートルを超え、太さも大きくなる樹種）になるものは必要としなかった。ところが、効率的な資源培養に対する要請や、木材利用の変化（自家用材や薪炭材需要の低下）などが引き金となって、各地の里山地帯においてもスギ、ヒノキやアカマツ、カラマツなど針葉樹の植林が盛んになり、ごく一部を除いてはいわゆる「雑木林」などと呼ばれてきた天然生広葉樹主体の森林はその姿を消していった。

拡大造林の思想は、当時の時代背景も手伝って、里山地帯にも及んでいたのである。

外材インパクト

昭和三〇年代の前半ぐらいまでの木材需給の状況を見ると、需要は非常に大きかった。燃料も当時はまだ電気、ガス、石油が普及し始めた頃で、戦災復興とか経済再建のために薪炭材の需要も大きかった。パルプ材にいたっては、海の向こうから運んでくるなどということは想像もつかなかった頃なので、ほとんど国産材で供給しなければならなかった。

里山は手が入れやすいので、飼料や肥料用に草まで刈る。柴とか薪は言うに及ばず、落ち葉などまで繰り返し採られるために里山の疲弊が目立ち始めていた。

一方、奥地林は資源はあっても道路や林道が未整備で機械化も進んでいなかったが、木材需給の逼迫によってその開発は急速に拡大し始めた。

三五年頃から電気、ガス、石油に押されて薪炭需要は年を追って減り始めたが、これに代わってパルプ材の需要は旺盛を極め、大手パルプ各社による奥地林の大面積皆伐方式による木材収穫と跡地への大面積拡大造林が続けられた。なお、当時の木材搬出手段は少ない林道密度

（一定地積内の林道の総延長を総面積で割って、平均一ヘクタール当たりに換算した値で、当時の林道密度は三～四メートルに過ぎなかった）をカバーするため、数百メートルから数キロメートルにも及ぶ大型索道の導入が全国各地に普及していった。

その頃になると、占領政策のなかで各種の必要に応じて貿易が徐々に開放されていった。もはや戦後ではないという時期に、木材については資源的に将来が危惧されていたこともあって、昭和三五年に木材貿易は全面的に開放することになった。当時の読みでは、「日本の木材需要の三〇％も輸入できたら上々じゃないか。その後は自給率が高まって、八〇～九〇％は自給できる」という前提で見通しが立てられていった。

ところが、経済再建をしていくなかで商社活動が活発になって、日本で材木が必要ならその材木も扱ってみようということで木材輸入も再開された。輸入再開が三五年で、輸入は三〇％ぐらいで止まるだろうという予測に反して、それからたった五年で三〇％。さらに五年たった昭和四五年にはもう五〇％、五〇年には六〇％になり、猛烈な勢いで外材の輸入量は増大の一途をたどり始めた。

外材が増えるにつれて、昭和四七～四八年頃には、林業界で「外材インパクト」という言葉が使われたほどで、「こんなに安い外材が大量に入ったら、日本の林業は危ないんじゃないか」と危惧の声が聞かれ始めた。林業界にしてみると、材価は安くなる、過疎になるということで、夢を抱いて植えてきた人工林でさえこうした外材圧力に押されて支えきれなくなり始めていた。

一つの象徴として、昭和五〇年（一九七五年）に外材が六〇％に達した頃に、国有林は初めて五〇億円という赤字を出した。それまで国有林の経営収支は常にプラスで、その余剰分は長期にわたって一般会計に繰り入れられていた。外材圧力がすべてではなかったが、過去の国有林は姿を消し、新たな苦難の道を歩むこととなった。

もう一つ、木材界で問題が起きたのは建築様式である。当時は核家族化が進行し始め、住宅が不足していた。ところが、いわゆる在来型ではなく、大量の外材や代替材の出現によって工法の近代化が図られ始めた。建築戸数が増えていくなかで、扱いやすい外材は大量消費にマッチして輸入量はますます増えていった。

それからもう一つの大きい要因は、国産材は太い大径材がだんだん少なくなって、品揃えされた大径の外材に太刀打ちできなくなった。

国有林が赤字転落し始めたのも、結局、国産材価が下がったので、材を出しても出しても利益が上がらないためであった。そこで、奥地へ行って大きな木をどんどん伐る。しかも初めは国有林は抜き伐り方式（択伐）が主体だったが、材価が下がってしまうと生産コスト軽減のために皆伐方式に切り換えてしまった。

最初は小面積の皆伐だったのが、国有林の赤字を何とか防止しようということで大面積皆伐で効率良くやろうとした。大面積に伐ることでいろいろ批判が出たときに、「いや、いいんだ。いわゆる老齢過熟林分は成長率がほとんどない。これを伐って人工林化することによって将来の成長率をぐんと上げられる」と答えていた。

昭和四〇年代からは国有林の造林面積をこれだけ増やせば、将来の成長率は良くなるので、大量に伐っても全体の成長量をそんなに減らさなくてもいけるという、いわゆる見込み生産をやることになった。奥地の大径材を出していけば外材に対抗できると思ったが、材価が下がってしまうために、仕事はたくさんしたが結局赤字は増え続けた。すべて外材に打ち負かされ、結果として民有林も含めて日本林業は外材のために衰退し始めた。外材がこんなに入ってこなければ、奥地林の開発ももう少しゆっくり行けただろう。

今、仮に外材が一〇％減ったとしたら、国産材の生産量を一〇〇〇万立方メートルほど増やさなければならないが、国産材の生産は伐出の要員が不足して伐り出せないという重大な問題を抱えている。

材価の低迷

昭和四〇年代初頭は、ちょうど過疎問題が台頭して外材が三〇％を超えはじめた頃で、それまで日本の一般物価指数は戦後一貫して上昇が続いていたが、国産材価も常に一般物価をしのぐ指数で上昇してきた。そのころは薪炭から用材、パルプ材まで大きな需要があり、日本林業は最も華やかな時代であった。

それが昭和四五年、わずか五年間ほどで外材が三〇％から五〇％に拡大したが、その間にいち早く打撃を受けたのはスギ材の価格であった。スギ材は日本で最も使いやすい材で、伝統があって、しかも成長が早いので、当時の造林面積の五五％もを占めていた。しかし、スギ材は外材と同じような使われ方をしていたため、次第に安価な米ツガなどに代替されていった。スギが高くなると米ツガに代替された。

国内の森林は成熟の度合いを高めているので、そこから生産される木材を適正な価格で売りたいのだが、値が下がってしまう。国産材価格はかつて一般物価指数を上回ってきたのが、昭和四

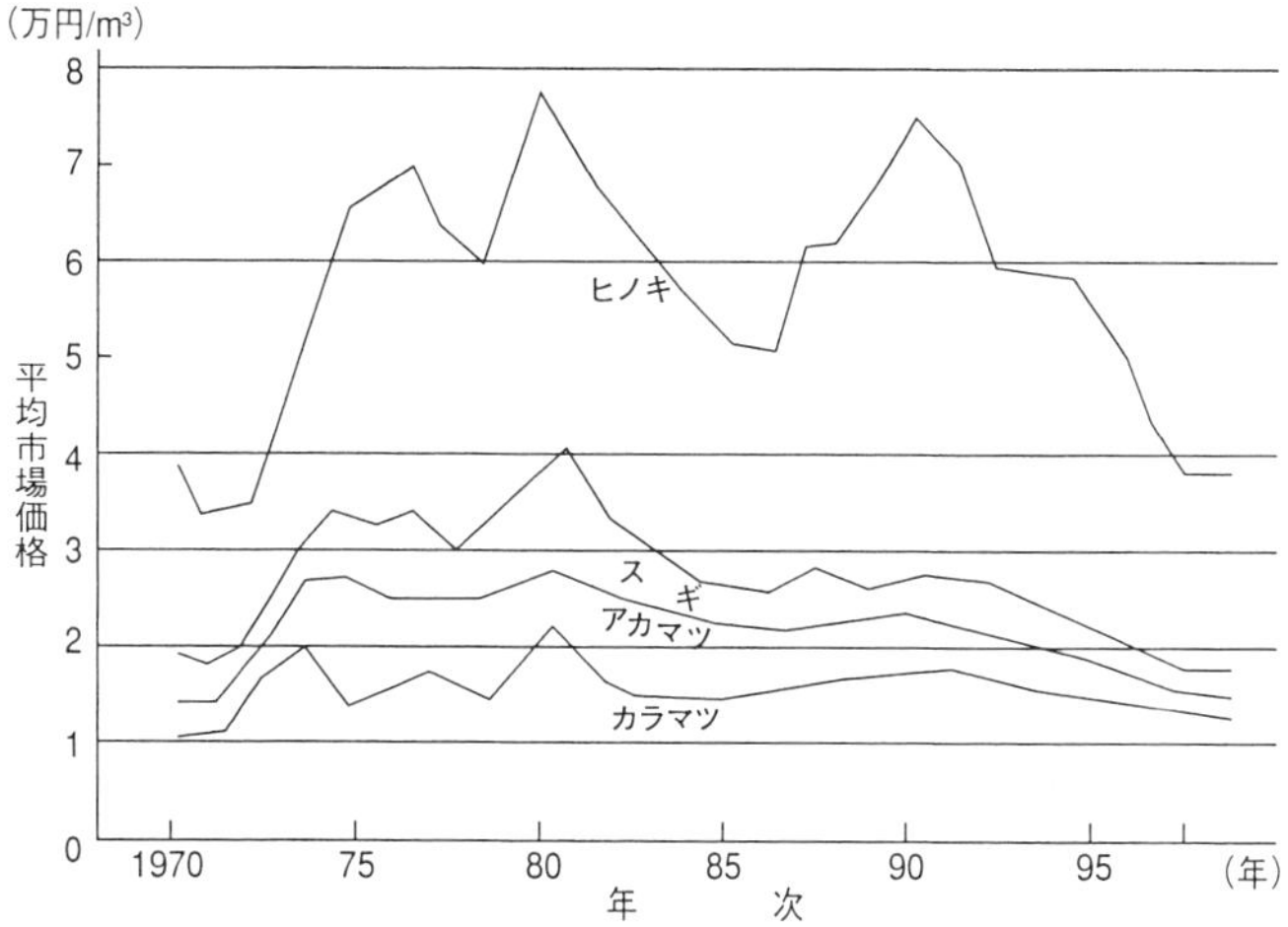

図3　主要国産材樹種別平均市場価格の推移

一～四二年頃を境に下回る時期が長く続いている。昭和五〇年代の半ば頃には景気の変動もあって、少し値上がりした一時期もあったが、その後、低成長期に入ってじりじりと材価は下がり続けている。「自給は高まる」と言いながら、外材は依然として増え続けて八〇％にまで増え続けていった。

なぜこんなに外材を入れざるを得ないかというと、日本は貿易立国で経済力を高めてきたわけで、電気製品や自動車などを輸出に向けていくとどうしても貿易不均衡が起きてしまう。農産物はご承知のように、牛肉だオレンジだと一つ一つ貿易の自由化を要請されてきた。木材は最初から全面開放しているので自由化のままで来ており、どうしても生産効率の劣る国産材は安い外材に太刀打ちできない。

現在の木材価格は、ヒノキがやや昔より高いかという程度で、昭和四二～四三年頃に一般物価と材価の指数が入れ替わった頃と同じ値段である。当時の一般物価指数を一〇〇とすれば、今は二〇〇ぐらいになっているが、材価は当時を一〇〇とすればまた一〇〇ぐらいに戻ってしまった。材価が低迷したというか、横這いになってしまった。

森林の蓄積は、同じ高さの林なら密度が高いほど材積が多いというのは一つの定理だが、日本の林は混み合っている分だけゼイニクがついてしまっている。日本の森林は、いわゆる経常的なストックよりも蓄積が増えてしまっている。中には一・五～二倍にもなっている林もある。

しかも、安い外材が入ってしまっているから、伐出の経費がかさむ国産材は伐り出しをせず、今、国内需要量の二割ほどしか供給していない。八割は外材で賄われている。

日本は奥地まで大面積拡大造林をして森林全体を若返らせてきたが、その林の一部は今ようやく需要に向く林齢に差しかかってきた。しかし、大部分は未だ未成熟な過程にある。人工林も当然未成熟だが、その当時パルプ材だとか薪炭材を伐ったままで造林の対象にならずに放置されてきた広葉樹林もやはり三〇年、四〇年という未成熟な状態が続いている。

外材輸入は当初、丸太輸入でずっときたが、その形態も変化してきた。丸太のまま輸入すると四分の一ぐらいは空気を運んでしまうことになるから、大挽きにして丸みをとった角材を輸入するようになった。そして間もなく、荒挽き材をもってきても再度カットしてカンナがけするのであれば、カンナがけした材を輸入する傾向が増えていった。

さらに一段進んで、向こうでプレカットしてこよう、と現地で加工された材が入るようになり、最近は日本で組立するだけのキット化した材を輸入するという質的な変化も起きてきている。日本の材木屋さんやハウスメーカーがやってきた付加価値加工の部分を輸出国で行なって、日本の林材界にアタックをかけてきているわけで、ちょっとやそっとの対策では対抗できなくなってきている。

伐期齢の引き下げ

木材生産を目的に森林を計画的に維持管理していく場合、収穫目標とする林齢を伐期齢と呼び、その決め方にはいくつかの方法が考えられてきた。建築材への利用を主にしてきたわが国では、幕藩制の頃から林齢五〇〜六〇年生でひと抱えぐらいの太さの木を育てることを標準的な伐期齢としてきた。

このように、ある用途に対して最も適当な大きさ、性質を有する木材を生産するのに適した年齢を「工芸的伐期齢」と称し、今日でもわが国人工林の育成目標として各地で採用されている。

このほか、古くから有力な伐期齢を決める方法として、「材積収穫最大の伐期齢」があげられる。これは人間生活にとって古来必需品である木材を、限られた面積の山から継続的にできるだけたくさん生産するための方法で、やや難しい理論は省いて図4の図解で説明しておきたい。

図に描いたように、単位面積当たり（ここでは一ヘクタール）の立木の材積の増え方は、初めは微少であるが、一五〜二〇年を過ぎる頃から旺盛になり、四〇〜五〇年を経る頃から再び緩慢になり始め、七〇〜八〇年を超えると著しく衰えながら高齢化してゆく。このような材積成長の経過によると、一代目の林を高齢になるまで維持管理し続けた場合と、成長が旺盛なある時期に伐採して収穫を繰り返した場合とでは、後者の方が明らかにトータルの収穫材積が多

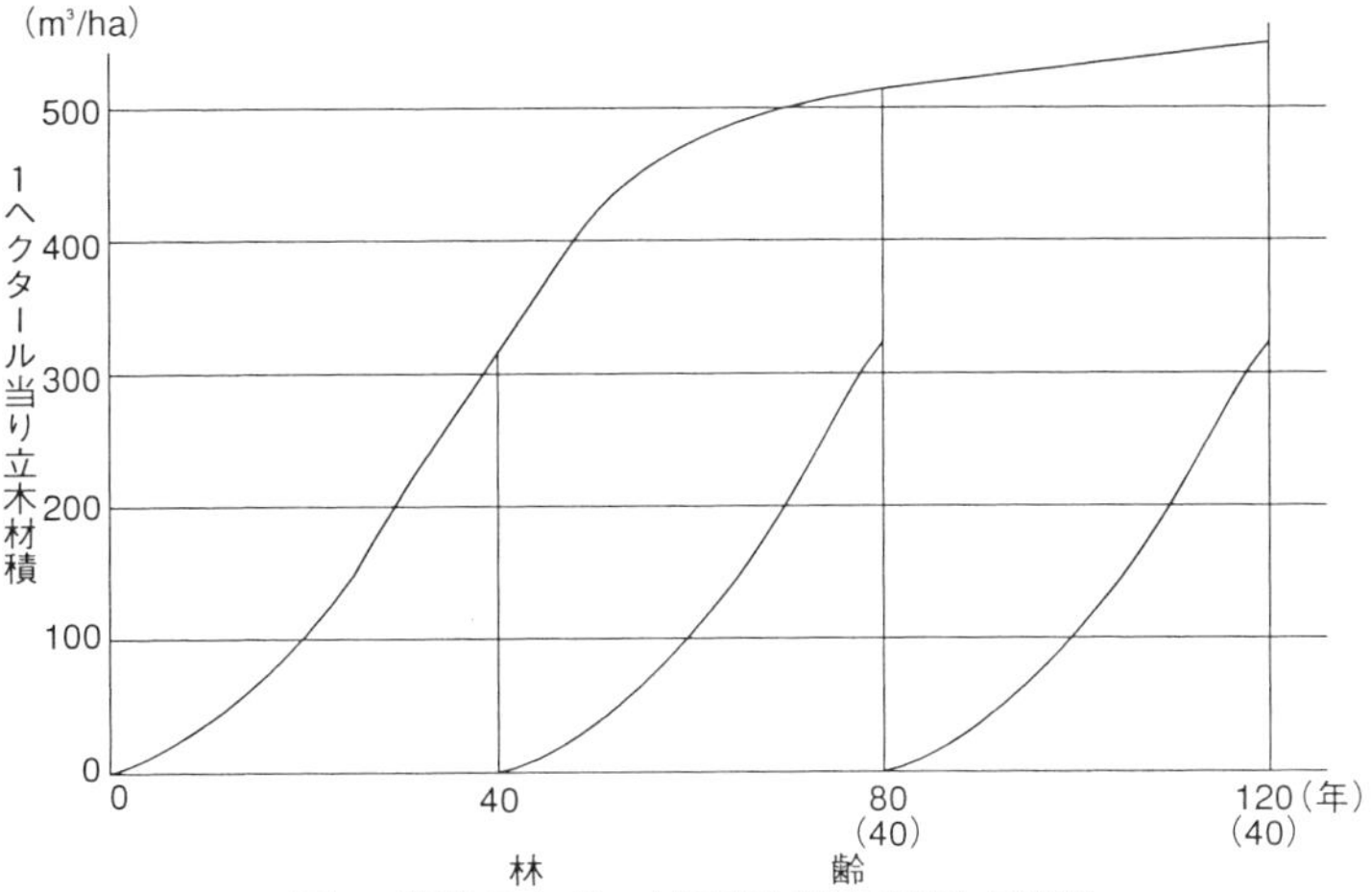

図4　伐期のちがいが収穫材積に及ぼす影響

いことが理解されよう。

この例によると、一代目に八〇年まで育てると五一〇立方メートルになるが、この期間に四〇年ごとに二回伐採すると、三二〇立方メートルずつ二回で六四〇立方メートル収穫することが可能で、前者と比べて二〇～三〇％の増収が見込まれる。仮に一代で一二〇年の高伐期とした場合と、四〇年ごとに三回収穫を繰り返した場合では、五五〇立方メートルと三二〇立方メートルの三倍、九六〇立方メートルに及ぶ較差を生じ、七〇～八〇％もの増収となる。

このように、成長が旺盛なある時期（平均成長量が最大の年齢）は、樹種や土地の肥沃度の違いなどによって成長の経緯が変わるので一律ではないが、わが国ではヒノキ林で四五年、スギ・アカマツ林で四〇年、カラマツ林で三五年ぐらいが標準とされ、広葉樹類では三〇年前後の林が多い（それぞれの林を調べることによって平均成長量最大の年齢は推定できる）。

木材需要の増大が続いた昭和三〇年代、国内森林資源の枯渇を憂慮した林野庁は、それまで続いてきた比較的大径材の生産を目標としてきたわが国の工芸的伐期齢を相対的に引き下げた材積収穫最大の伐期齢に切り替え、将来の木材収穫量の増大化と生産量の保続性を目論んだ。

当時は国産材主導の時代で、中小径材の需要も結構あったし、外材の輸入拡大に伴って大径材の入手も拡大し始めていた。また、そのうち木材利用の科学も進むことを期待して、何もそんなに太い材を造らなくても、細い材を砕いて接着・成形したいわゆる削片板（パーティクルボード）、あるいは木材繊維を溶かしてパルプ化したものを固めて木質化した繊維板（ファイバーボード）などの素材なども使われるだろうという見込みも背景にあった。伐期の引き下げによって増収が可能だという論理だ。

これは強制ではないが、伐期の引き下げによって資源的にも早く木材が使えるようになる。また、短期収穫ができ、細い材も使えるということになると、いわゆる間伐や除伐による林の密度管理にそれほど神経を使わなくても済むという論も出始めた。

昭和四〇年代に、国有林が大面積伐採をするときの一つの裏付け（正当化）として、「こんなに伐っても大丈夫なんだ。伐採跡地を人工林化することによって材積の成長率を高めることができるし、伐期の引き下げによる繰り返しの収穫によって単位面積当たりの収量も高められるんだ」ということで、大面積の天然性老齢過熟林の多くを伐り出してしまった。

密度理論と高密度管理

一方、昭和三〇年代の中頃から、当時の学会や研究機関から、人工林の密度管理に関して新たな研究の成果が数多く発表され、間伐の方法論に大きな影響を及ぼした。理論的な根拠は結構難しいので省略するが、要約すると「樹種や林齢の揃った人工林では、樹高がほぼ同じ林を比較すると、同じ面積のなかに生立する立木の本数が多い林ほど、平均的な直径は細くなるが、幹の総材積は多くなる」というもので、実際に試してみると、植林したままでまったく抜き伐りをしなかった林と、思い切った間伐を繰り返してきた林とでは、一・五～二倍近くもの材積の違いが認められた。

この密度理論は国内森林資源の前途を憂いていた当時の林業関係者にとっては画期的な救世主と受け止められ、林業研究機関や学会のなかにも、伐期の引き下げと組み合わせて考えると間伐は必要ないという間伐不要論までが一部に出て、逆に密植でもっとたくさん本数を植えろと密植による高密度管理・高蓄積を推奨した時代が昭和四〇年前後から始まった。

これは林野庁にしてみれば誠に都合のいい論理で、徐々に人手がなくなって手入れが滞り始

めたときに、「人手が足りないのなら、山は放っておいてもいい」という論理にもつながってい
った。
ところが、これに齟齬をきたしたのは、思いのほか外材が減らずに増える一方であったこと
だった。また、日本人はいろいろな材を使ってはみたけれど、建築用・土木用にはやはり無垢
の材が欲しい。集成材だとか、削片板や繊維板とかではなくて無垢材が欲しい、となった。
建築用材がコンクリート、アルミ、プラスチックなどにずいぶん代替されても、木材全体が
あまり減らなかったのは、やはり無垢材の需要があったためで、もしもこれらに代替されてい
たなら外材も減ってしまったはずだ。それが減らないまま続いてきてしまった。
それともう一つ、抜き伐りをするのに二の足を踏んでしまった背景には、自然保護運動の高
まりも大きな役割を果たしてきた。国や県が強力に推進してきた大面積的な拡大造林（一団地
数十ヘクタールから数百ヘクタールに及んだ例も少なくない）施策に対する反発もあって、健
全な林を造るための間伐さえ「けしからん」という風潮が高まって、実際伐る手間もないし伐
っても間伐材の処理もできないというときに「伐るな、伐るな」と言われると、これまた幸い
ということもあった。
高密度管理がいいという理論を一度出してしまって、これが短伐期でいけるのなら極めて都
合のいい対応策であったはずだ。四〇年生前後を適正伐期齢としたのは林野庁の方針で、いわ

ゆるお上からのお達しで各都道府県、森林組合にもそうした考え方が浸透してしまった。

ところが、安価なうえ大径で品揃えされた外材の増大に圧されて、中小径材が主体の国産材の需要は減少の一途をたどり始めた。中小径材の需要開拓を前提として打ち出された伐期の引き下げや高密度管理の指針は間もなくかき消され、今日に至っても日の目を見ていない。その当時、製材加工場はみんな大型の外材向きに体質改善していたので、そこに小径の材が出ていっても、製材や加工のコストがかさんで採算が合わないということで歓迎してくれない。国や県の声がかりで中小径材の加工施設もかなり開設されたが、生産コストがかさむ割合に製品価格は低迷し、そのシワ寄せは原木価格の低下につながっている。

短伐期のための高密度管理という理屈でいったが、こうしたいろんな事情が重なって間伐もされずに放置された林ばかりが目立つようになり、モヤシの状態とか林内が暗い不健全な森林の累積が始まった。

そして、ある時点からまた大径材に切り換えようと思ったが、一度中小径材でいいと言った林野庁には面子があるからはっきり言わない。しかし、最近は伐期の長期化などとチラチラと言いだした。

モヤシ・クライ

天然生林であれ人工林であれ、一度人間が大幅に手をかけて再生させてきた森林はそれなりの手入れをしてやらないと、健全な育成は図れない。しかし、適期に適正な手入れを施していれば、山造りはそれほど大変なことではない。

ところが、高密度管理などを是認するような指導もあって、必要な手入れが見過ごされてきた。その間には「やってもどうせ需要がない、お金にもならない。それじゃ、そんな仕事やってもしょうがない」となる。それに労働力不足も拍車をかけたし、ノウハウの伝承も途切れ始めた。

このような状況が明らかになり始めた昭和四五年頃、私は各地に広がる広大な拡大造林地域の森林造成に対して、非常に心配をし始めた。「このままでいったいどうするの！」とかなりヒステリックな提言をしても、当時は関心を寄せる関係者は少なかった。

これが五〇年代に入るころから林業関係者も危機感をもち始めた。細い木を伐って出しても使ってくれない。普通でいけば二〇〜三〇％ずつ二〜三回繰り返して間伐していけばそこそこな山に仕立てられるところが、一挙に四〇〜五〇％も抜かないと所定の密度に戻せない。

外材はまだ増えていたので、それに対抗するためには大径の無垢材にしないと日本人はやはり使わないということで、遅きに逸したが昭和五〇年代半ばごろになって林野庁はようやく腰を上げて間伐緊急対策事業を打ち出し始めた。

それまで、間伐には補助金が出ていなかったが、高率補助の緊急事業にした。一挙に国と県で五五%、市町村のかさ上げを含めて七〇%にも及ぶ補助金を計上して間伐対策を始めたわけだ。

しかし、対策を始めた頃にはいかんせん、すでに労働力が一五〜一六万人に減っていた。年間の間伐必要面積は数十万ヘクタールに達していたが、躍起の努力にもかかわらず二〇〜三〇万ヘクタールの実績しかあがらない。やり残しは累積されて、積み残しの山が目立ち始めた。あっちでもこっちでも間伐を始めてみたが、結局、対象は一〇〇あっても実行できるのはそのうちの三〇〜四〇%しかなく、あとはそのまま放置される。

林木が混み合って競争して自己淘汰(自己間引き)をもう少しして枯れてくれるといいが、ちょっとやそっとの混み具合では林木はなかなか枯れない。

ある時期、「林木というのは自然淘汰する。だから間伐はそんなに気にしなくてもいい」ということを学者先生が言い、行政もある場合にはそのお先棒をかついだこともあるが、実際はなかなかそのようにはならない。

人工の一斉林には樹高の成長に伴って最多密度というのがあって、著しく密度が高くなってあるレベルを越えるとポツポツと本数を減らして自己淘汰を始める。しかし、最大限混んだ状態に近づかないと枯れ木は出てこない。

ところが、間伐不要論はもっと以前に枯れてくるという。だから間伐しなくとも自然に枯れて密度調節が図られるという論理だ。

林全体として、下枝の枯れ上がりが高くなるということは、一本一本の木の葉の量が少なくなることで、木の成長が緩慢になってひょろ長くなってしまう。こうしたモヤシ状態というのは、雪や風に弱い。雪や風によって弱った林は、病気とか虫にも侵されやすい。これは密度とか量的な理論が先行してしまって、林の強さを無視したものだ。昔は理論はなくても、「こんなに混ませては駄目だよ」と少しずんぐりむっくりの木をつくって、林を強くするということを言わなくてもやってきた。

いろいろ理論が出るなかで、それをもっと有効に使えば良かったが、行政はある面だけ都合のいいところだけいいとこ取りしたのではなかろうか。

金太郎飴

先進林業地というのに、日本人は非常に毒されやすい。羨望の目があり、右へならえをしてしまう。

第二次大戦が終わった頃の人工林は全森林面積の十数％ぐらいで、それが広がってくるときに木を出せばお金になった時代なので、伐採跡地は天然で放っておくよりは人工林にした方が二、三倍成長量がいいということで人工林化が進んだ。

そういうときに、後進地域は先進地を見てくるのが一番てっとり早い。吉野、紀伊、四国などの先進林業地は二〇〇年、三〇〇年といった長い歴史があって、特にスギ林業は日本では歴史が古いので、こうした地域への視察が集中した。

先進地には優越感もある。自分たちは当時悠々とやっていられたので、いろいろなノウハウを積極的に教えてくれる。それをマネしてみよう、とそれぞれの地域地域が持ちかえった。

振り返ってみたら、特にスギの人工林は九州から北海道にまで広がっている。他の樹種はカラマツならば中部山岳から北にしかないし、アカマツならいわゆるアカマツ帯があり、ヒノキにはヒノキ帯がある。ところがスギだけは全国版になってしまった。

全国がみな先進地に行って見習ってきて、しかも先進地から次々と報告が出てくる。林業関係の行政マンも森林組合も皆先進地を基準にものを考えるようになってしまった。

しかし、今、先進地がいかに困っているか。長い間先導的にやってきたが、全国で同じような材が出始めると、先進地も同じような悩みを抱え込み始めている。

行動が金太郎飴だから、山まで金太郎飴になってしまった。どこへ行っても同じ問題を抱えてしまっている。日本の場合には、いろいろ気がかりな問題がいつのまにか一蓮托生になってしまって、どれが原因なのか、結果なのかわからないが、すべてがまずく回ってしまっている。ただ、日本の場合には金太郎飴は林業だけではない。日本のあらゆる分野で地方色をなくしてしまっている。

スギ地帯のかつての有名林業地のなかで、小径材でかんまんな磨き丸太を造ってきた京都の北山林業地帯は最も転換するのが難しいだろう。小径材の需要が少なくなり、値段が安くなってしまっては、他に振り向けようがない。材をもっと太く育てるノウハウが北山にはない。

中径材や一般材の筆頭は吉野である。昔から吉野ではいろいろな材に振り向けることができた。細い材がいると言えば、足場にするような材が出せるし、樽材がいるとなればそれも出せる。大径材が欲しいと言えば大径材もあり、優良材は吉野という歴史があった。

ところが、吉野自体も古い資源を食いつぶして、大径材がなくなってきた。拡大造林ではなく、一度人工林を伐った後にまた人工林を造る「再造林」を進めている。その過程で、大径材が資源的に乏しいので、中小径材の使い方を考えざるを得なくなり、よそと同じようになってしまう。「谷にスギ、中腹にヒノキ、尾根にマツ」というような典型をつくっていた吉野が、全山スギ、部分的にヒノキを植えるというように樹種も施業も単純になってしまった。面積が広くて先進地だけに、いろんな問題が一番先にふりかかってきてしまう。

大径材生産と言えば、代表されるのはかつての宮崎のおび杉の弁甲材だ。木船を造るのに小径材では不適当なので幅の広い板が必要になる。これは初めから疎植で、一本一本の木の枝をびっしり生やしてとにかくずんぐりむっくりの太い木をつくる。雨の多い地域なので、成長が早い。年輪をつまらせずにずくずくと太らせてきた。

これらが日本の小径材、中径材、大径材生産の代表で、関係者は先進地を多様に見学した。ところが昭和三〇年代の後半頃から、先進地見学は金太郎飴方式になってしまった。資源培養のために林野庁主導で人工林化して成長率を上げるとなると、それにみんな合わせてやっていってしまう。林野庁の指導もマニュアルもみんな画一化してしまう。

行政指導というのは、責任はまったくとらない。行政は主導的であっても、林業関係者が選択性をもっていればいいのだが、教育もそうなっていない。ものを批判的に見ることもしてこなかったので、この画一化が一気に進んでしまった。

これは日本人のもともとの性格なのか、林業だけでなく画一化していくのが好きなようだ。「緑化」が国是となると、誰も批判的には検証しない。どうも緑という言葉には情緒的に弱いようだ。植樹祭は意味がないのでやめないかという声が出ても、「なにを言うか、緑化するのに」という言葉にかき消されてしまう。緑化自体には間違いはなくても、緑化した内容と時間、経過というものを見たら、これまでの植樹祭にはやはり問題があろう。

一時期、密植・密仕立を奨励してしまった後遺症からか、今度は抜き伐りしろとなる。また、一斉林、いわゆる単一林を造りすぎたために、いつの間にかきちんとした反省もないままに、今度は混交林にしろ、複層林にしろとなる。

研究、学会で森林は単一一斉林よりも複層林の方が防災にもいい、雨にもいい、水の浄化にもなる、というようなことを言い出すと、また林野庁は一斉林の反省をせずに転換してしまう。「やはりあれは間違いだった」と反省し、時間かけて切り替えて、混交林や複層林の内容を周知させたうえで説得をしながらやっていかなければならないはずだ。

ところが、いつの間にか長期見通しで複層林、混交林をつくるのが林野庁の方針になってしまった。しかし、一体誰が現場でやるのか。そういう現場教育を何もしていない。

森林組合にそんな指導をしろと言っても、彼らにはそのノウハウがない。学会とか研究機関のやり方も悪い。我先にとそういうものを発表するが、だいたいそういう人たちの教え子が林野庁の中枢にいて、彼らは一般的な勉強をあまりしていない。

だから、何か新しいものを注入するとき、学会とか研究機関へ行って仕入れたものを普及させる。モデルでやったところはうまくいっていると言うが、モデルではできても、モデル＝一般化ではない。一歩間違うと混交林、複層林も同じような金太郎飴になるだろう。

もう一つ金太郎飴になったものに、林野庁主導のいわゆる「林業構造改善事業」というのがある。そのひとつに大型高性能機械の全国配置がある。その理由は林業労働者が少なくなっているので若手労働力の吸引力だ、労働強度の軽減だという。このキャッチフレーズを全部並べて各県の林務行政から出てくる言葉は「国産材を使う加工場を開設し……」「川上と川下が一体化して林業の活性化を……」「大型高性能機械を入れて丸太の生産を効率化して……」となる。この言葉がどれだけ日本中で使われているか。

それがすべて成功しているだろうか。各地で取り組んでみたが、思うような成果が得られなかった例も多い。しかし、駄目な事例はあまり表に出てこない。

混交林化

そもそも、人間に都合のいいものが「有用樹種」という概念で使われるわけだが、そう呼ばれる広葉樹は決して多くはなく、一地域一〇種類ぐらいのものであろう。では、あとの日本中にある何千という種類の樹木は不要なものなのかといえば、当然そんなことはないわけで、植物はどんなものでも不要なものはない。

ただ、どうしても人間は自分たちの生活に則したものを利用していくというのも否定できない現実だから、その互いの接点を見つけていくことが大事なことなのだと思う。すべての植物をそのまま天然でおいておけばいいというのは、人間の生活を無視すれば可能なことかも知れないが、人が生きていくうえではやはり非現実的かも知れない。

そのためにも、本来、スギやヒノキ、カラマツなどの針葉樹の造林を進めていくなかでも、その土地その土地によく育ち、人の暮らしに利用されるその他の樹木は、同時に育てていくことが必要だった。たとえば、この伊那谷あたりではカラマツ林の中に建築用の土台に使われるクリや大径の用材として有用なミズナラ、トチ、ブナ、イタヤカエデ、ダケカンバ、サクラ類などを育てていくことができれば、山の健全さとしては確実に優れている。

一斉林、いわゆるモノカルチャーというのは、どうしても脆弱にならざるをえない。同じ年齢、同じ樹種というのは、何か一つの病気が発生すると一網打尽にされる確率は高いし、それらが手入れをされていない現状は、病気などの発生だけでなく風雪害などの天災に対しても弱くなっている。イタチごっこだが、風雪などで弱った樹木は虫や病気にやられやすいわけで、いずれにしてもモノカルチャーの林は山の健全さという点では確実に弱い。

これが異なる年齢や異なる樹種の山にしておくことで、一つの病気に対してある種類は弱くても、他の種類や異齢林ならば難を逃れるということは、ごく一般的に考えても理解しやすい。

このときに、その山に適している樹種で、なおかつ私たちの生活に利用しやすい樹木を優先的に複数残していくというのは理にかなったものだ。混交林、混交林と声高に叫ばなくとも、地域の特性ある樹木の名を知り、それを残すようにしさえすれば、技術的には難しいことではない。

それがこれまでの林業のなかでできなかったのは、除伐という作業がこの混交林化にとって大敵だったからだ。

植林してから数年の下刈りが終わると、つぎに「除伐」という手入れが始まる。これは英語ではサルベージ・カッティング、つまり「お掃除伐」と言われるもので、日本語になるときにお掃除の「除」だけが使われて除伐と言われるようになった。この定義が「育てる目的樹種以外の木を伐る」とされていた。そのため、たとえばスギを植えたところに成長や形質のいいミズナラが育ってきた場合、作業する人はたいていそういう利用できる材のことを知っているので、そんな木を残したいのだが、「全部伐らないと補助金は出ない」というお達しがあったため、泣く泣く伐ってしまったという例がある。

山で働く人は、戦後の拡大造林で造られたモノカルチャーの林が除伐を迎え始めた昭和三〇、四〇年代には、まだまだ山の木のことや利用の仕方に詳しい人が多かった。「これを残せば使える」という理由で、本当は残したいものはそれぞれにたくさんあった。それが、除伐というなかではできなかった。作業する当の本人たちにジレンマがあるのに、よその人からは「あんなに伐って」と文句を言われる。こうして二重にいやな思いをした現場の人は当時多かったはずだ。

そして今、見事なモノカルチャーの一斉林をなし遂げたわけだが、このときの指導と徹底への反省や整理もなしに、コロリと「混交林がいい」ともっともらしく言われても困る。

いらない、とするものの基準がおかしくなっていたわけで、非常に狭い意味での利用しか考えていなかったことは明白である。さまざまな意味で混交林がいいのは、前述の病気や天災などによる山の強さも一つだが、他にも針葉樹の葉と広葉樹の葉とを比較すると、針葉樹は土壌が酸性に傾き、広葉樹の葉は中性化してくれる働きももっている。ということは、これによって微生物も豊富となり、分解も進む。分解することと、落葉樹があって陽があたることによって、地表温度が上がると地表植生が豊かになる。花の咲く植物も多くなり、その実を目的にした鳥や獣がよく訪れるというように生物の循環相が豊かになる。

ある種の木材を効率的にとるという一点だけを特化させれば、たしかにモノカルチャーの方が短期的には功を奏することはあるが、もっと広い意味での〝営み〟を考えたときには、やはりこれまでの反省に基づいて、混交林は今後の主流になるべきだろう。そして、このとき必要なのがその地域の樹木の名前を知ること、そして次に必要なのが、それらがどう利用できるのかということだ。人間にとってももちろんだし、さらには生物の間でもどのように利用されているのかをよく学習していくことがこれからの山造りには大切である。

大径木の育成

大径木というのはどういうものをさすのかといっても、明確な規定があるわけではない。そもそも、日本中が極度な間伐不履行に陥ってやむを得ず中小径木しか仕立てられなくなっているなかで、改めて中小径木をつくっても仕方がない。

後述の根羽《ねば》村の例を見てもわかるように、地位のいいところは樹高成長が優れ、相対的に太い木がつくりやすい。市場の原理からいっても、小径材が過剰になれば大径材の需要は好転するわけだから、私はつくれるところでは手だてを尽くしてとにかく大径木をつくっていくべきだと考えている。

その規格を考えたときに、小径材は丸太の日本農林規格（ＪＡＳ）では末口の直径が一四センチ未満のもの、中径材は一四～三〇センチ、大径材は三〇センチ以上のものと規定している。丸太の太さのサイズは樹皮の厚さを除いた末口の最小径としているため、ＪＡＳ規格による三〇センチ以上の大径材を四～五メートルの元玉（最も根元に近いところで採った丸太）でとるためには、最低でも図に示すように地上一・二メートルの高さで樹皮の厚さも含めて測った直径（胸高直径《きょうこう》という）が最低でも三七～三八センチ以上の立木に仕立てなければならない。実際には樹齢五〇～六〇年でこのサイズに林木を育てること（年々の平均の直径成長を六～七ミリ以上に保つ）はかなり難しいので、実現可能な大径木のサイズはもう少し小さい目標を提案してきた。

具体的には、四～五メートルの元玉から一二センチ×二四センチの平角（断面が矩形の角材）あるいは一二センチ四方の柱材が二本とれるサイズとすると、図5の対角線が皮抜きの末口径であるから二七センチあれば十分である。そのときの皮付きの胸高直径は三二～三三センチぐらいとなる。末口径を三〇センチとした場合と比べると、胸高直径で五センチほど小径で足りることになる。

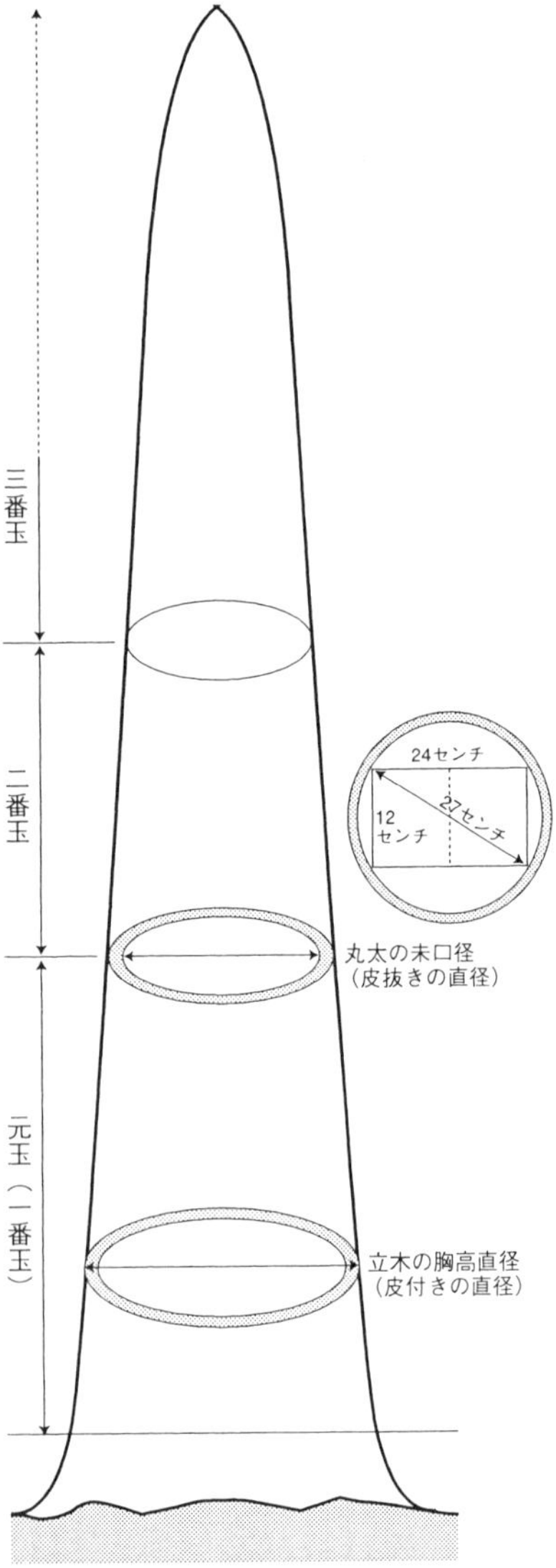

図5　末口径と胸高直径

五〇〜六〇年で胸高直径が三〇センチを超えるような林木を仕立てるためには、適正な間伐の繰り返しが必要で、このように順調に生育した場合でも五〇〜六〇年頃の外側の年輪幅は二ミリ前後に低下してきており、年輪幅のほぼ二倍が直径の成長量に相当するから、胸高直径を五センチ太らせるためには、少なくとも一二〜一三年の年月を必要としよう。

要約すると、このような最小限の大径材を仕立てるためには、少なくとも①密度を適正に管理していくこと、②育成期間を長期にすること、の二つの条件が満たされなければ実現できない。

①の適正な管理というのは、常に密度（樹高に対する立木の平均間隔の比率）が二〇%前後以上あることが必要で、つまり樹高の成長に合わせて常に間伐が適正に施されていなければならない。

②の期間は少なくとも五〇〜六〇年を要し、従来の伐期（工芸的伐期齢）に戻せばいい。

そんなことを考えていた時、中学時代の同級会で長谷村在住の保科孫恵さんに再会した。互いの近況を話すうちに保科さんが熱心な山林経営者であることがわかり、「一度山を見にきてくれないか」と言われて、行ってみた。伊那谷でも最も奥地に位置する保科山林は、標高一三〇〇〜一四〇〇メートル付近の急斜面で、一団地二五ヘクタールのほぼ全面が手入れの行き届いたカラマツ林で覆われていた。これからどうしたらいいかという話になり、伐期の引き下げなどが提唱されていた頃であったが、一貫して大径木仕立てを指向していた保科さんと意向が一致した。

そのためにはしっかりした密度管理が必要であるが、当時、一六年生のカラマツ林はすでに一ヘクタール当たり一四〇〇本ほどにすかされていた。地位指数は二二ぐらい（四〇年生になったときの樹高が二二メートルぐらいになると予測される林）だったが、当時の樹高はまだ一二メートル前後であったため、正直言って「ずいぶんすかしたなあ」と思った。

早速カラマツ林の中に一〇アールの測定試験地を設定し、以後ほぼ三年ごとに樹高や直径の成長をチェックし、遅滞なく間伐を繰り返してきた。保科さんはそれぞれの木の高さの五〇％ぐらいの枝葉を残しておきたいと考えて、それを目安にしてきたが、密度をこうして定期的に管理していても、下枝の枯れ上がりを全体の五〇％に保つのはけっこう難しいことを実証している。

最近の調査によると、保科山林のカラマツは林齢三七年の段階（昭和三八年植栽）で生立本数は一ヘクタール当たり三四〇本にまで整理され、樹高は二一メートル前後、胸高直径は二六～三四センチ、平均三〇センチ近くに達しており、あと一〇年ほどで先に示した大径木の最低基準が満たされそうである。

地位指数（四〇年生に達した時の上層樹高）は二二メートルぐらいと予測されることから、

胸高直径が三二～三三センチに達する頃には、樹高は二六メートル前後となり、立木の材積は平均一本当たり優に一立方メートルは超えることが期待される。

激動が続いたこの半世紀近くを費やしての保科さんの並でない努力で成し得た成果ではあるが（これより古い造林地もある）、彼共々林木を大径に育てることの難しさをしみじみ味わっている。願わくば、こうした成果が経済的にも社会的にも報われるような林業界でありたいものである。

市場に乗りにくい中小径材

日本で今、出材している五〇～六〇年を超えた主伐材は、戦中か戦前期に再生してきた林からしか出てこない。日本の森林は人工林も天然生林も合わせて八〇％～九〇％は戦後に一度は手をつけた後、再生してきた山なので、資源的には未成熟な林が九〇％以上で、戦前期のものは五％ぐらいしか統計上にない。

現在の木材需給量は、国内の林業とは無縁な商社活動で輸入されているものが主流で、これが八〇％を越えてきている。林野庁の長期見通しでさえ、二〇年後までの輸入量は現在の量を下回ることはなく、やや増量さえ見込んでいる。これは若い未成熟な林が多いという資源的な問題もあるが、貿易収支問題が当然からんでいるので、そう簡単に外材を減らして国産材の供給を増やすという状況にはなっていない。

今、行政をはじめ素材生産業者や森林組合も国産材の振興を願っているが、実際には外材に対抗できる良質な大径材しか日本の市場では扱ってくれない。

しかも、そのなかで国産材価格の下落も著しい。これは不況と関係が深い。結局、材価がヒノキなどの良質材でも三割、四割、ものによっては五割も下がって、スギ以下、アカマツ、カラマツなどは昭和四〇年代初頭頃の価格にまで下がってしまっているので、所有者をはじめ素材生産業者や森林組合でさえ伐るのを手控えている。

そういうなかで、現在日本の山は、大幅に手遅れとなった間伐が細々と進められているが、そうした間伐材の六割、七割もが林内にそのま

間伐手遅れ林での伐り捨て間伐材

ま伐り捨てられている。そうした状況のなかで、良質大径材から外れた中小径材とか曲がり材は一段と地位が低下して国内市場から弾き出されている。

もう少し以前だと中小径材とか曲がり材で、製材やその他の用材として扱いにくいものも、パルプ材などの低価格材としてかなり出材していた。こうしたパルプ材も十数年前ぐらいまでは、材価が一立方メートル当たり八〇〇〇円～一万円ぐらいであったため、良質材と込みであればそこそこの採算もとれたが、今ではパルプ材は山元から工場までの運賃が出ればいいという程度（三五〇〇円～四〇〇〇円）。国産のパルプ材は、パルプ会社にしてみればなくても外材で十分間に合う。もってくれば受け入れてやるという前提なので、山元からの運賃ほどの値段でしか引き取ってもらえない。

日本の林業は不振をかこっているが、いわゆる木材業界が著しく日本の林業振興を阻害しているという見方もできる。林材界が一致して国内の林業振興と言ってはいるけれど、実際は木材業界からも見放されている。本当は木材業界に有利な国産材の取扱いを促したいわけだが、大量で安価な外材に対抗することはできないということになる。

特に間伐問題が全体を通してみれば大変な時期を迎えているが、間伐を進める上でも間伐材が有効に使われないということで、非常にネックになってしまっている。

これまで、中小径材利用促進という国の施策に沿って間伐対策を推進し、森林組合とか業者のなかに小径材を扱う工場なども造ってきたが、かなり付加価値をつけないと使ってもらえないし、それなりの経費もかさむ。ユーザーも高い材は使ってくれないので、結局は原木価格にしわ寄せがきて、原木を少しでも安く買おうという行動に走る。結局、中小径材は市場に乗りにくい。

実際には今、中小径材や曲がり材を取り扱う市場も開拓されていないし、業者もいない。そうなると、林業界とか木材業界以外で新たな用途開発をしなければならない、というところまで追い込まれている。

ミニ製材・薪・炭に光明

林業界、木材業界が中小径材を扱わないなかで、おびただしい中小径木を抱え込んでしまった森林を整備していくためには、今後、真剣に用途開発をしていかなければならない。今はちょうどその過渡期であろう。このまま二〇年、三〇年たっても、間伐が進んでいないと良質の大径材が出る量はかなり制約されて、出てくる材の多くは中小径材となる。また、これだけ手を入れていない状況では曲がり材もかなりある。

いずれ外材が減量する時代が来ようが、その準備もできていないわけだから、端材を含め中小径材の利用を大幅に促していかなくてはならない。

そんな思いで始めた私の今の仕事（ほとんどお金にはならないので〝仕事〟といえるかどうか）も六年目を迎え、手がけた山造りは数十件にのぼるが、受託した山林は森林組合や業者の食指が届かない山ばかりである。原則として、間伐した木はすべて搬出して利用することとしてきたが、この間にも中小径材や曲がり材はますます引き取り手がなくなり、最近は搬出材の六〇〜七〇％は手元に残ってしまうようになってきている。

そこで、我々がいろいろ試みているなかで期待できるのが「ミニ製材」である。小型の製材機を使って端材を加工するわけだ。

昨今の一般市場ではほとんど中小径材を扱っていないために、一般の人が物置小屋をつくってみたいとか、家の一部を自分たちの手で改造してみたいというような自家用の需要があっても、供給体制ができていない。

そうしたなかで、たまたま昨年の夏、小型製材機を導入してみた。最初は自分たちで間伐した小径材をなんとか有効に利用しようと製材したわけだが、物置小屋や駐車場など日曜大工の範囲でかなり活用できる。原木の状態だと「こんな材が」と思うが、製材して角材や垂木《たるき》、板にしてみると結構な材がとれる。そして造ってみると、作業自体が結構面白い。

こういうものを自分で製材して使うとなると、いわゆる金銭というものにそんなに執着しないで気軽に手に入る。我々はスギやヒノキだけでなく、アカマツもカラマツも広葉樹も、ちょっとめぼしいものがあれば挽いてみた。そして、これは結構使い道があると実感することができた。

昔は各集落に丸ノコによる製材所があって、気軽に中小径材を挽いてもらえる時代もあったが、それがなくなって市場もないということになると、こういうミニ製材機も活躍の場面は多いのではないだろうか。

この小径材とか曲がり材は、潜在的には農業資材としてもかなり需要がある。例えば最近、ハザ木やハザ足はないかとよく聞かれる。米の収穫はバインダーを使って田圃でモミにしてしまうことが多いが、昔のようにハザかけをして天日で乾かした米はやはり人工乾燥したものより味がいいと言われている。昔はこのハザ木とかハザ足は、自分の家で必要な分をいっぺんに揃えるのではなく、たくさん利用しているなかで悪くなったものをその都度補足して使っていた。今は先代が使っていたものをそのまま使っているケースが多いが、だんだん古びて弱くなっても補充の術《すべ》がない。自分で山へ行って伐ってくるしかない。

だが、適材が山にあるかというと、この一〇年、二〇年山を放置した後では、そういう小径材がわりに出ない。ところがあちこちの山を手入れしていると、出る所もある。四メートルから六メートルぐらいの細く長い材を近くの農協などにハザ木やハザ足用として出しておけば、思いのほか引き合いがあって出ていってしまう。

それから杭丸太も作っておけば使われる。大型の公共事業で扱うような杭丸太は県森連あたりの市場で特化して扱っているが、個人の需要に対してはこれも供給体制ができていない。

また、最近の新しい需要としては、薪ストーブ用の薪が大いに期待される。薪ストーブは多少の贅沢指向や自然指向から着実に普及してきているようだ。

ところが、この薪ストーブの薪を供給している企業はほとんどない。夏が過ぎて秋頃になると、あちこちから「薪ないか」という言葉が聞こえてくる。秋も深まっていよいよ燃やす段階になって「薪ないか」ということになる。

そういうこともあって、山林塾を始めたときから端材があると薪ストーブの薪の供給もやってきた。薪は昔のように軒下で一年も二年もかけてしっかり乾燥させたものを使えば、家の中で焚いても煙の出方はぐっと違うし、水蒸気も出ない。だから乾燥した材を使うべきだが、そうすると一年、二年前に確保しなければならないし、薪小屋もいる。

一方で、今の薪の値段は、山元でナラとかクヌギといった良質なものでも一束あたり三〇〇円ぐらい、マツとかヒノキ、スギとか針葉樹の軽い薪になると二〇〇円ぐらいで、精一杯作っても日当で五〇〇〇~六〇〇〇円にしかならない。生業としては厳しいので、薪屋さんというものも成立しなくなってきている。

消費者にとって、石油ストーブと薪ストーブとでは燃費がどれぐらい違うかというと、少なくとも石油の三〜四倍ぐらいはお金を出さないと薪が間に合わない。結構割高となるので、需要は増えてきたが薪の値段は現状程度に止めておかざるを得ないだろう。

とはいえ、すでに薪ストーブを使っている人は、そういう金銭的な面を超越している。実際使ってみると、石油ストーブはどうしても水蒸気が同時に出てくるので、家の中に湿気がこもり朝になると結露してしまうが、薪ストーブにはそういうことがない。それから匂いもいいし、見た目も楽しめるなどといろいろ利点がある。薪ストーブは年々売れ行きが伸びているので、今後もストーブ用の薪は潜在的にかなり需要が増えると思われる。

日頃、我々が山の手入れをするとかなりたくさんの端材が出る。使える材は出しても、どうしても末木や枝条、根株や曲がり材などが山に残ってしまう。そこで、「山に来て自分で集めないか」と私は薪ストーブを入れる人にずいぶんあちこちで勧めている。原木はただなので、集める手間を仕事と考えず、楽しみのなかに入れてはどうかと。昔は薪はほとんど自力で調達したわけだから。

時期が来てから、「乾いた薪がないか」と探し歩いても、作っている人がいないので、すぐに間に合わせることはまず不可能だろう。だから、手入れをした山に残っている端材を分けてもらったらどうかということだ。特に最近多くなった切り捨ての間伐跡地で出しの便の良いところなどでは、かなりまとまった薪材が得られるはずである。

レクリエーションをかねて薪取りをしてもらえばいい。一年分の薪は最低でも二〇〇～三〇〇束、少し大きなストーブとかたくさん焚く人は四〇〇～五〇〇束はいる。軽トラック一台で四〇～五〇束は積めるので、それほど労力を使わなくても、五、六回運べばそこそこ一年分の薪は集められる。

山を造る側にしてみれば、端材や切り捨て材が片づくと、山の整理上も後の扱いも非常に都合がいい。薪ストーブを使う人は、森林組合や林務課で聞けば、間伐跡地などを紹介してもらえるだろう。

自分で薪を作るとなると、チェーンソーや薪割り機を使えないとできない。ヨキという薪割りのオノを使ってもいいが、それで全部作るというのは実際には難しい。今は薪割り機もいろいろなメーカーからかなりの数が出てるが、まだ一般化しておらず、専門の人が使っているだけだ。我々は薪割り機ももっているが、実際に稼働する日は幾日もないので、希望者には貸し出しもしている。

また、「薪ストーブの会」なんていうのをつくると、薪を供給する環境が整っていくかも知れない。

間伐推進と直接はつながりにくいかも知れないが、長野県下の長谷村では間伐をした材はもっていって構わないということにした。また、これを推進する意味も含めて薪ストーブを購入した者には、村が相当な補助金を支給することとしている。

いろいろ煩雑さも伴うだろうが、森林組合にはもっと積極的に薪割り機のリースをしたり、チェーンソーの使い方なども教えてもらいたい。現場では薪にしなくても長材で二メートルなり一・八メートルなり軽トラックに積めるぐらいの長さに切った材を道端に出しておいて、それを一立方メートルいくらで買ってもらい、自分で軒先まで持って来てから切ったり割ったりしてもらうといい。

実際に薪ストーブを使っている人のなかには、森林組合に頼んでパルプ材の一部を分けてもらっている例もある。

また、最近焼きものをやる人も相当増えてきているが、焼きものにはかなり多量のマツの薪が必要になる。これはなかなかルートにのっていないが、どこかで必ず調達されているわけなので、供給ルートを整備してみるのもいい。

今後、薪と並んで期待されるものに木炭がある。木質材料ならば、ドラム缶なり炭窯なりの装置があれば、なんでも炭化できる。最近は燃料以外に水を浄化したり、住宅の縁の下に敷いて吸湿をする、臭いをとる、防腐防虫にも使えるなど、木炭の効用が注目されている。炭化するときには木酢液《もくさくえき》が相当量採れるが、これも土壌改良、消毒、浄化の他、犬や猫をはじめ動物昆虫類のある種には忌避剤にもなる。

燃料用の木炭は材の種類によって質が左右されるが、調湿用などの木炭はそれほど材質を問わないので、多様な樹種の端材が活用できる。

林木は炭素同化作用によって炭素を樹体内に固定して酸素を吐き出してくれる。しかし、木材を切り捨てて山の中においておくと、長い時間かけて腐りながら炭酸ガスを出していく。炭酸ガスの抑制を図るうえでも、燃料用以外に木炭を活用することには意義がある。

それから針葉樹種の炭は孔隙《こうげき》量（物質中のすき間容積）が多く軽いので、浄化などには気楽に使えて効用もいい。原木は樹種を選ばなければ、切捨て材を含めて相当量間に合うはずなので、炭焼きは需要があれば少し大型の窯で焼けば事業的に展開できるかも知れない。最近、炭焼きに関心のある人がずいぶん増えてきているが、やってみると結構愉快な仕事でもある。

このようにミニ製材とか農業資材、小規模の杭丸太利用、薪ストーブや木炭など端材が不足するほどの需要が出てくる可能性は十分にある。しかし、これを林材界の主導でやってくれるかというと、人手不足のなかで在来の山仕事が山積しているので、今のところその可能性は低い。そこで、こういう端材とか中小径材の利用とセットして、一般の人々のなかの希望者に山造りを担ってもらえれば、山造りも有機的につながってくるのではないか。

林材界というのは、そういう需要が相当量、確実にあるということになると事業として乗り出してくると思うが、今はまだその段階にはない。逆に、今低迷している林材界に直接喚起を促すためにも、周りからそういう状況を醸し出していくのも一つの方法かも知れない。なんとか工夫して、中小径材の利活用に新しい市場が成立していってくれたらありがたい。

日本のなかで中小径材の使い道がないわけではない。十分に使い道はあるが、流通ルートがなく、取り扱ってくれる業者もないという状況だ。すでにそういう全体を考えなければならない時期が迫っているように思われる。他面では、中小径材の利活用を金銭第一ではなくて、精神的な面も含めて捉えれば、生活に潤いをもたらす効用も出てくると思う。

今はともすると物事を世知辛く考えがちだが、我々が「愉快な」と言うのは、こういうことも含めた山造りなり山仕事であってほしいと思うからである。

第四章　山造り入門

樹木の名前

林業関係者のなかにも、また林業コンサルタントというような肩書をもつ人でさえ、実は樹木の名前に疎い人がたくさんいる。最近でも、いわゆるセンセイと呼ばれるような人が、環境アセスメントなどで必要な事柄になっているというのに、広葉樹についてほとんど知らないことがある。

これまでの林業が針葉樹中心できたことの名残だが、アセスなどでそんなずさんな答申をすれば、今は一般の人々のなかにも植物についての知識をたくさん持っている人がいるので、とても通用しない話である。

これまで一般にスギ、ヒノキ、アカマツ、カラマツなどの針葉樹と、ケヤキとかセンノキとかカンバ類など有用広葉樹と呼ばれる一〇種類ぐらいの広葉樹、つまり人間が暮らしのなかで身近に利用していた広葉樹以外は、すべて〝ザツ〟の一言で総称してきてしまった。

しかし、雑草という名前の草がないように、雑木（「ざつぼく」あるいは「ぞうき」）という名前の樹木はないわけで、山に入るならやはりまず相手を理解しようという姿勢が大切になってくると思う。

人間が生物の一員というのなら、やはりかかわる相手を理解するための最初の一歩として、せめてその樹木の葉や幹、姿形などから「あ、これはカツラだな」などとわかるようになっていくことは大変重要だ。

それは前述したようにまず相手を理解するという根本的な姿勢として必要であると同時に、現在あちこちで言われるようになった「混交林化」をするためには欠かせない知識でもあるからだ。山の健全さと人間による材の利用という双方をうまくかなえるためには必須の知識といえる。

実際に木の名前を覚えるという行為はとても単純な作業で、人によっては難しいとか好きじゃないという人もいようが、初めから片端から覚えなければならないというものではなくて、大切なことは少しずつでいいから中途半端な覚え方をしない、ということである。

「多分、コナラだと思う」とか「たしか…」と、いつもあいまいな覚え方しかしていないというまでたっても覚えられないものだ。これは、教える人がはっきりと認識している必要があることでもある。あいまいな人から教わると、教えられた人もあいまいになってしまう。地域地域に植物や樹木に詳しい人が大抵いるので、そういう人にきちんと教わって着実に覚えていくというのが結局は早道となる。

最初は少ない種類でいいから、「これだったら、どこで見ても必ずわかる」というように明確に覚えてしまうこと。これを三〇種類ぐらいまで地道に増やしていくと、そこから先は思いのほかすいすいと覚えられるものだ。

サルナシ	ドロノキ	ポプラ
サワグルミ	ナガバモミジイチゴ	マタタビ
サワシバ	(キイチゴ)	マツブサ
サワダツ	ナツグミ	マユミ
サワフタギ	ナツハゼ	マルバカエデ（ヒト
サンショウ	ナナカマド	ツバカエデ)
シダレヤナギ	ナンキンナナカマド	マンサク
シナノキ	ニガイチゴ	ミズキ
シモツケ	ニガキ	ミズナラ
シャクナゲ	ニシキウツギ	ミズメ
シラカンバ	ニシキギ	ミツバアケビ
シラキ	ニセアカシア	ミツバウツギ
スイカズラ	ニワトコ	ミネカエデ
スノキ	ヌルデ	ミヤマガマズミ
ズミ（コナシ）	ネコシデ（ウラジロ	ミヤマザクラ
ソヨゴ	カンバ)	ミヤマホウソ
ダケカンバ	ネコヤナギ	ミヤママタタビ
タマアジサイ	ネジキ	ムラサキシキブ
タムシバ	ノイバラ	メギ
タラノキ	ノリウツギ	ヤシャブシ
ダンコウバイ	バイカウツギ	ヤマアジサイ
チョウジザクラ	バイカツツジ	ヤマウグイスカグラ
ツクバネノキ	ハウチワカエデ	ヤマウルシ
ツクバネウツギ	ハクウンボク	ヤマグルマ
ツタ	バッコヤナギ	ヤマザクラ
ツタウルシ	ハナイカダ	ヤマツツジ
ツノハシバミ	ハリギリ（センノキ）	ヤマナラシ
ツリバナ	ハンノキ	ヤマハンノキ
ツルウメモドキ	ヒナウチワカエデ	ヤマブキ
テリハノイバラ	フサザクラ	ヤマブドウ
トウゴクミツバツツ	フジ	ヤマボウシ
ジ	ブナ	ヤマモミジ
ドウダンツツジ	ホオノキ	リョウブ
トチノキ	ホツツジ	レンゲツツジ

表3　上伊那地方に分布する樹木台帳（下線付は外来種）

イチョウ	アカシデ	オニグルミ
針葉樹	アキニレ	オノエヤナギ
アカマツ	アクシバ	カシワ
アスナロ	アケビ	カスミザクラ
イチイ	アサノハカエデ	カツラ
イヌガヤ	アブラチャン	ガマズミ
イブキ（ビャクシン）	アワブキ	カマツカ
ウラジロモミ	イタヤカエデ	カンボク
オオシラベ	イヌエンジュ	キハギ（ヤマハギ）
カラマツ	イヌコリヤナギ	キハダ
カヤ	イヌザンショウ	キブシ
クロベ（ネズコ）	イヌシデ	クサボケ
クロマツ	イヌツゲ	クズ
コウヤマキ	イヌブナ	クヌギ
コノテガシワ	イボタ	クマイチゴ
コメツガ	イワガラミ	クマシデ
サワラ	ウコギ	クマヤナギ
シラベ	ウダイカンバ	クリ
スギ	ウツギ	クロモジ
ストローブマツ	ウラジロヨウラク	ケヤキ
チョウセンマツ	ウリカエデ	ケンポナシ
ツガ	ウリノキ	コアジサイ
ドイツトウヒ	ウリハダカエデ	コクサギ
トウヒ	ウワミズザクラ	コゴメウツギ
ネズミサシ	エゴノキ	コゴメヤナギ
ハイマツ	エドヒガン	コシアブラ（ゴンゼ
ヒノキ	エノキ	ツ）
ヒマラヤスギ	エビガライチゴ	コナラ
ヒメコマツ	オオイタヤメイゲツ	コハウチワカエデ
メタセコイヤ	オオカメノキ	コバノガマズミ
モミ	オオバクロモジ	コバノトネリコ
	オオバスノキ	コブシ
広葉樹	オガラバナ	コヨウラクツツジ
アオハダ	オトコヨウゾメ	サラサドウダン

日本は南北に長い列島で、亜熱帯から亜寒帯までを一国で抱えているので、植物の種類の多さは世界でもダントツで、この豊かさを生かすためにも、それぞれの地域の人々がそれぞれ特有の植物を少しずつでもきちんと見分けられるようになっていることが大切だ。それが地域固有の風土に合った健全な山造りの土台にもなる。

ただ危惧されるのは、私が林学を学び始めた昭和二〇年代と比べて、各地域で植物の種類がかなり減っているのではないかということである。動物や昆虫などの生きものが姿を消すことに我々は大きく反応するが、植物に関してはそれがどうしても疎いように思えてならない。

私はこの伊那周辺の山に頻繁に入っているが、昔はよく見かけた「ヤマナラシ」とか「クロウメモドキ」などを見かけることがほとんどなくなってしまった。実感としても、植物の種類は数十年前と比べて確実に減ってきているのではないかと思う。

そういうこともきちんとデータに残しておくべきで、各県の林務行政などは、そういう面での支援も必要ではないか。その地域の植物・樹木に精通している人のリストを作成して、必要な場合は講師として参画してもらえるように整えておくことも大切である。

参考までに、私が住む伊那地方の山地でよく目にする樹木台帳を付しておきたい（表3）。

材の特性

これまでに日本で長らく使われてきた木材は、すでにさまざまな特性が明らかにされてきているが、ここで簡単に整理しておきたい。その理由は、外材の大量流入によって、実は製材屋さんや建築屋さんなど木材の特性を当然熟知しているはずの人たちでさえ、すでに日本の材の特質をよく知らなくなってしまっているからである。

もちろん、今でも大工さんや家具職人、建具屋さんなど木に直接かかわる仕事をしている人のなかには当然これらを熟知している人たちはまだいるが、以前ならもっと多くの人が知っていたものだ。ところが、普段扱う材木がことごとく外材になっている現在では、一般の人ももちろん材の特質を知らないだけでなく、専門家であっても知らないということがなかば当たり前になっている。冗談のような話だが、製材屋さんが私の山小屋にやってきて、ヒノキとサワラの材の見分けがつかなかったという例もあった。

まず、有用林木とか有用樹種と言われるのは、用材として使うときに人間にとって使いやすいもののことをさしていう。これだけに特化しすぎた山の造り方の愚はこれまでにも述べたが、さりとて何でも生えているもののすべてを育てます、というわけにはいかないのも人が暮らすうえでは仕方のないことだ。

そこで、自分の山ではどんな樹木を育てようかと考えるときに、もちろんいろいろな育て方はあるわけだが、名前を知り、その樹木の特性を知って育てることで初めて山造りが人にも山にも健全で同時に有用になる。これは、樹木の育つ特性と同時に材の特性という両方の意味からである。

ここでは建築用材を中心に材の特性についてあげてみる。

まず、日本では神社仏閣からはじまって個人の家までも木材、それも無垢材を使うことに主眼をおいてきた歴史が長いなかで、針葉樹が有用とされるようになってきた。これは広葉樹全般に比べておしなべて針葉樹の材が柔らかく加工しやすい点と、通直（まっすぐ）な材がとれるという二点が大きかった。

日本の針葉樹文化に比べて、欧米は広葉樹をよく使う文化とも言える。家具材などにもほとんど広葉樹が使われるが、日本では家具も基本的には針葉樹製のものが多く、いわゆる主要な用材は針葉樹だった歴史が長い。

では、針葉樹ならばみな同じかと言えばもちろん樹種によって違うわけで、二つの方向から特性を捉えて使いやすさ、また使われ方の基準にしてきた。

一つは強度で、これは曲げの強さと圧縮、いわゆる上からの重みに対する強さである。古くから使われてきた木材は、角材にしても板材にしてもかなりの強度があるが、その使われる場所によって相応なサイズ（厚さや幅）のものが慣用されている。

もう一つは狂いで、材が使われて建築物になっていく過程で生じてくるズレのことである。拡大造林で植えられた樹種のうち、スギ、ヒノキ、あるいはアカマツはいずれも加工しやすくて狂いの少ない木材であるため、古くから各地で多用されてきた。

ところが、冷涼で乾燥地帯の長野や東北、北海道で植林が進められたカラマツは材の強度や耐久性などの長所によって土木用などには多用されてきたが、ねじれ狂いや割れ、ヤニの侵出などの欠点が強調され、そのままでは建築用などには利用しにくいことが指摘されてきた。なぜカラマツがこれらの地域で植えられたかというと、寒冷で乾燥した土地でも育ちやすいという利点があったからである。

カラマツは幹の繊維がらせん状に育つ木で、根元から梢端の間で収穫までの数十年間に六、七回ねじれて育っていく。これが、伐られて材木になる過程で乾燥に伴ってねじれが元に戻ろうとしてしまうために狂いが生じてくることになる。ただし、四〇〜五〇年を超えて心材が大きくなるとこの狂いも軽減されるため、カラマツ材は六〇年を超えた大径材仕立てが期待されている。

一方、建築材には構造材として目につかない所に使われるものと、化粧材といって人目によくつく所に使われるものとあるが、家屋をシンボル化する日本では、この化粧材にとにかく無節の無垢材がずっと使われつづけてきた。

この化粧材への評価はいろいろあるが、主に色、香り、手触り、というような感覚的なところでランクが決められており、そのランクが一つの権威のようになっている。

これでいくと、ヒノキは強度は強いし狂いはないので構造材としてもいいが、ツヤがあって化粧材としてもだんとつにいいとされて高貴な使われ方をしてきた。もともとヒノキは日本のなかでそれほど多く生えている樹種ではなかったが、とにかくこのように優秀な材であるため引く手あまたとなり、高値で取引されるということもあって、人工林を増やしていく過程でヒノキが多く植えられるようになった。

一方、スギはヒノキに比べて庶民の材と言えよう。狂いもおとなしく、まっすぐで、さらにヒノキに比べると育ち方が早い。ただ、化粧材としてはヒノキのようなツヤとか香りが少ないという点で、一般材という使われ方が多い。九州から北海道まで日本中で育つ木であるため、手に入りやすいという点で多用され、拡大造林の際に全体の五五%もがスギで占められた。

ところが、もっとも多く造林されたスギ材は、外材の流入で最大の打撃を受けた。ちょうどスギ材を代替する安い外材が大量に輸入されたからである。そのためにスギ材の価格を上げることができなくなり、結果的に日本中に広がっていたスギの産地が夢を失って低迷してしまった。

アカマツは内地の雪の少ない地域にはどこにでも生えて、その繁殖力は強い。スギやヒノキと比べて陽性（明るい所を好む）で乾性な土地を好むため、尾根筋や南面の皆伐（広い面積にわたって林木をすべて伐ってしまう伐採方法）跡地にはほぼ一斉に天然で再生し、寒冷積雪地を除いては日本の各地で親しまれ拡大してきた。しかし、この十数年来、マツノザイセン虫に侵されるいわゆる松食い虫の被害がほぼ全国的に広がり、良質なアカマツ林の多くを失った。

アカマツは材質がおとなしく大径材もとりやすかったので、建築用材や土木用材をはじめ家具、パルプ、燃料用材などに多用されてきたが、一部の地域を除いてはその再生も危ぶまれている。

木材の使い方は前述の材質の差で選ばれるわけだが、ただ、それは運搬技術が発達するようになってからの話である。木材のように大きくて重たいものは、三〇～四〇年前までは長距離の運搬が著しく困難であった。昔、日本では長距離輸送は川流しをその手段にしていたために、歴史のある林業地が川沿いにあるのはそのためだ。自分の欲しい都合のいい材を選べるような財力のある人ならいざ知らず、それ以外の人はわざわざ遠方から材を運んでくるようなことはなかった。それぞれの地域で手に入りやすい木材を使っていたわけだ。奥地に生える樹木もやはり搬出が難しかったのであまり使われなかった。

一方、有用広葉樹はいずれも今では太くいい材は少なくなってしまった。広葉樹が用材として使えるようになるためには、どうしても針葉樹よりも年数がかかるため、天然生のもの以外はあまり積極的に造林されてこなかった。針葉樹の山を育てていくことは今後も重要であるが、資源的に疎外されてきた天然生広葉樹についても、その見直しと並んでそれぞれの地域で稀少化が目立つ有用広葉樹類については、しっかりした育林体系も含めて増殖を図っていくことも必要であろう。

広葉樹材の特性を二、三あげてみると、まずクリは水に大変強く腐りにくいため、建築用の土台にはうってつけの材である。昔、鉄道の枕木はすべてクリだったのはそのためだが、クリが手に入らなくなってから他の材に防腐剤を注入して使うようになった。

ケヤキは火に強く燃えにくいので建築材としてもよく使われた。育ちが良く天然にもよくある木だったので、手に入れやすかった。ただ、加工するには大変硬い木なので苦労する。年輪がはっきりと出る木目がおもしろく、床の間にもよく使われたし、机などの家具や什器にもこのはっきりした年輪を好む人たちにはもてはやされている。

一方、トチノキは木目がはっきりせずぼんやりとしているが、その面白味でやはり家具や什器などにはよく使われ、ケヤキとトチノキは愛好家を二分するほどの双璧にあげられる。

カツラ、シナノキ、センノキ（ハリギリ）、ミズナラ、ミズメなどは家具材などとしてよく使われているが、どれもご多分にもれず大径材が少なくなり、資源的にも乏しくなっている。また、ブナは昔から体育館の床などに使われ床材として優れた材だったが、合板に多用されるようになってからは大量に資源を食いつぶした。今でも豊富にあれば使いたい材だが、資源保全的な意味で大事がられるようになって使いにくくなってしまった。

このほか、サワグルミ、ダケカンバ、ホウノキ、サクラ類、カエデ類なども含めて、これらの有用と言われる広葉樹類は日本の山に本来あったものである。材質の問題とは直接関係しないが、戦後の乱伐によってその多くを失った広葉樹大径木の再生には、かかわった人々の猛省を促すとともに、国民的な課題として二一世紀を通して重く受け止めて努力していくことが求められている。

山の知識・知恵

山造りのノウハウというのは、機械とか道具類の扱いも当然大事だが、そういうものを使いこなしていくときに、個人個人のちょっとしたアイデア、知恵も重要である。これは古くから先人がいろいろ考えてくれていて、こういう場合はこうすると楽だよとか、どうしても困ったときにはこんなことをしてみたらどうか、ということがいろいろある。

古い人はずいぶんそういうことを知っているが、そうした人々が現場をリタイアしてしまった今、ほとんど伝承されずに終わってしまっていることがたくさんある。

昔から山で使っている道具に「楔《くさび》」というのがある。山で働く人たちのリュックサックや腰袋の中に入っている。木を倒すときに人手がなくて、内側に傾いているのを外側に倒したいなどというときに、楔を伐り口に打ち込むことで反対側に倒すことができる。

トビとかツルといった道具も昔は山では普通に使われていたが、今では専門の人でないと使わなくなっている。柄の先にトビのくちばしのような尖った刃がついたこの道具があると、人力ではどうしても動かないような木が、その柄でしごいたり刃先をさして挺の力を応用して押したり引っ張ったりすると思いのほか楽に仕事ができる。

それから、木に登ろうというときに、当然ハシゴがあれば登れるが、山の中でそれを運ぶときは傾斜があったり藪の中でひっかかったりするし、かなりの重さもあるので大変だ。そんなとき、直径三〜四センチの枝を二本、長さ三〇〜四〇センチに切って、これを太さ一二ミリ、長さ一〇メートルほ

ブリ縄による木登り

どの麻ロープの両端に組み合わせることで、木登りに使う「ブリ縄」ができる。この簡易ハシゴを使うと、ある程度太くなったり、枝打ちが済んで下の方に枝のない木でも登ることができる。慣れると、ブリ縄一組で十数メートルの高さまで枝のない木にも登れる。

最近はいろいろな木登り専用の道具も市販されているが、ブリ縄は一〇メートルほどのロープ一本と切った枝先だけでできる。昔はみんながつくったものだ。既成のものを使うより、自分でつくった方が楽しい。

ほかにもいろいろあるが、ロープの結び方を紹介しよう。

山に行くときは短くて五～六メートル、長くて一〇メートルぐらいで太さは親指ぐらい（一〇～一二ミリ）の軽くて丈夫なロープがあれば

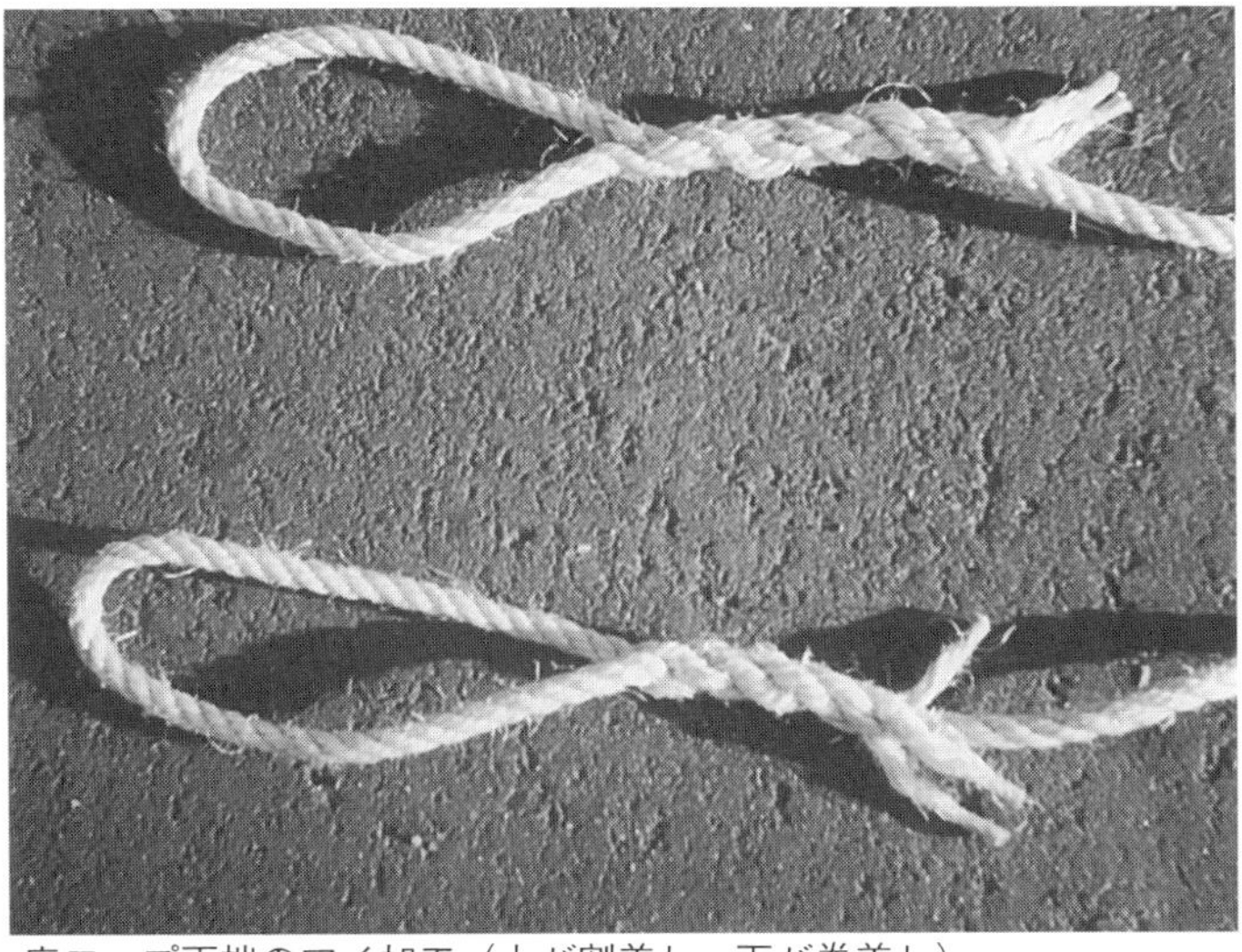

麻ロープ両端のアイ加工（上が割差し、下が巻差し）

大変便利だ。

ロープには必ず両側にアイという丸い輪をつける。アイの作り方はよく講習で教わるが、見ているると簡単そうに見えて、なかなか難しい。ロープにはこのアイを両端に必ずつけておく。これがあると、木を切る際、こちら側へ倒したいんだが下手をすると反対側に倒れてしまいそうなときに、倒す木の中腹にロープを結んで別の端を倒したい方向にある隣の木の根本にピンと張って結んでおく。切り口がある程度進んだところで、張ってある縄の中間に体重をかけてぶら下がると、木の重心を倒したい方向に傾けることができる。

また、木を少し回転させたいが、人力だけではどうしようもないときにロープのちょっとした使い方で木を転がすこともできる。倒れかかったり隣にひっかかった木を外すときにも応用できる。ロープ一本が山仕事では非常に有力な武器になる。

この他にも古老には思いもよらないいろいろな知恵がある。七〇～八〇歳以上の人が知っていても、五〇～六〇歳ぐらいの人に伝承されていないことが多い。我々がこのロープをちょっと使ってみせると、今の人たちは「いやあ、面白い」「そんないい知恵があるのか」と驚いてしまう。

人間は困らないとなかなか知恵を出さない。今は、準備万端整えられて、ああいうときはこう、こういうときはこうだよ、と知識は豊富に教えられるが、現場で困ってどう対処したらいいかという時に、なかなか応用動作ができない。経験の有無、見たことがあるのとないのとでは全然違う。

今はお金さえ出せばかなり便利なものや自動ロボットなどもある時代で、自動木登り機なんていうものもある。しかし、あまり策に溺れたようなものよりも、やはり基本ということになるが、まずは自分の身の回りにあるもので工夫してみることで存外楽しいことがある。

こうした古老の知恵といった事柄ばかりでなく、山仕事をしてみると普段の生活では思いもよらない所作がごく当たり前に行なわれていることが多い。

例えば、雨樋のような幅三〇～四〇センチあるグラスファイバーでできたトヨがある。四メートルぐらいの長さで、一枚が八キロとか一〇キロ足らずなので、一人で二～三枚背負って歩ける。このトヨをずっと山の斜面につなぐと材木を出す「シュラ」という装置になる。昔は運び出す木材で斜面に組み立てたトヨ状のシュラ（修羅）が多用されていたが、これを近代化したものである。

二〇度ぐらいの勾配だと、木は接地抵抗で滑らない。これが二三～二四度になると自分で滑りだし、二五度になるとよく滑る。一八度から二〇度でも、傾斜があると平地で引っ張るより何分の一の力で済む。そういう時は、トビでちょっと引っ張ってザーと滑らして、止まったらまた引っ張る。それより緩い斜面の場合は、ロープで木をくくって、肩にロープをかけて引っ張る。足を踏んばるほど自分の体重がかけられるので引っぱり出しは楽になり、手で直接引くより力がよく入る。

非常に大きなものは傾斜が緩いと引っ張れないので横にして転がす。丸太なので転がりやすい。これは何の変哲もないことだが、実際に体験してみると結構使い場がある。

昔の道具は今の林業ベースではなかなか使えない。そんなトロイことやってられないと言われるが、素人にはこういうのこそ面白いはずだ。

図6①のように大きな木を出すときに、木の頭を持ち上げて一〇センチぐらいの小丸太を枕状にしたコロを入れて引っ張ると、かなり重さが減じる。また、②のように滑車を一つ使うことで、負担は半分で済む。なお、引けないときは滑車を二つ用意して③のようにして引くと三

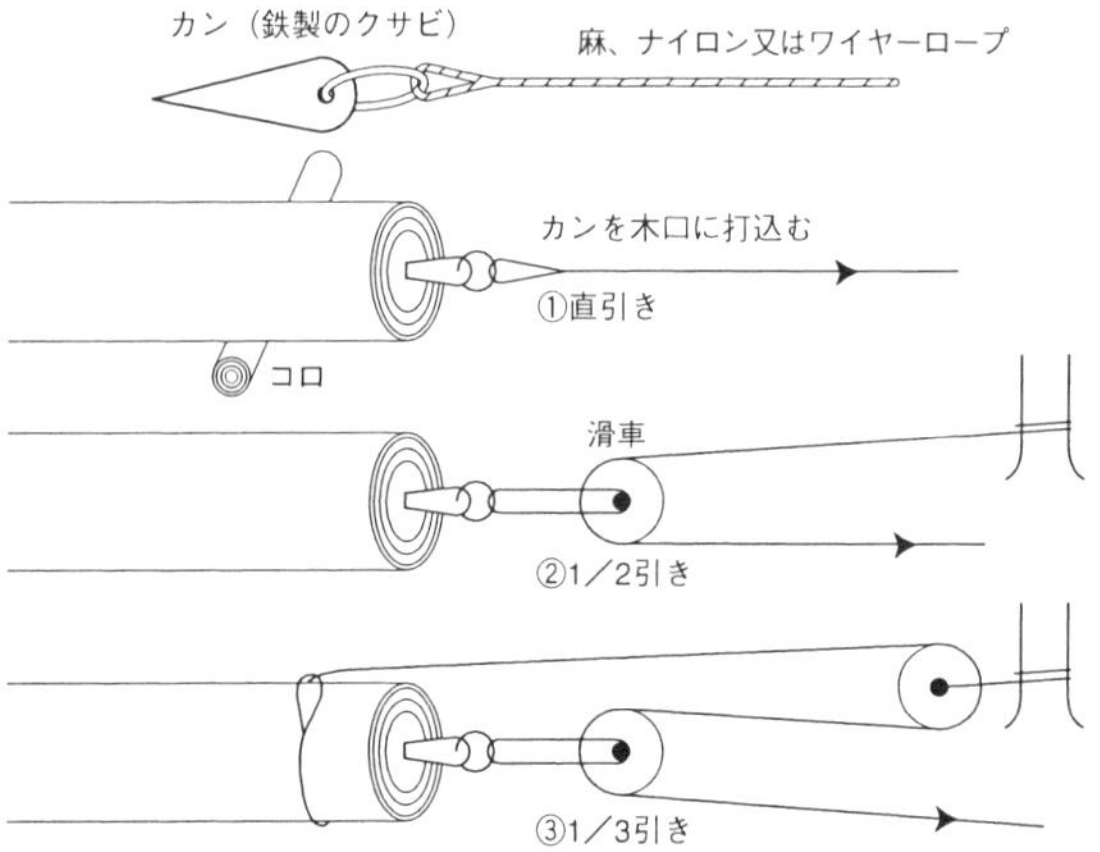

図6　コロ、滑車の仕組み

分の一の力で引っ張れる。

我々が現場で「おい、ダブらせよう」と言うのはこうした原理によるもので、大きな木を引くときに直引きで引くことはできなくても、丸太の木口にカンと滑車をつけて、ウインチ（巻取り装置）で巻き取ると直引きの二分の一～三分の一の力で引き寄せることができる。

普段、滑車を見たことはあっても、使い方がわからないという人が多い。今はこんなことも伝承することが難しい。古老がいたら何か教わっておくことが大事だ。教わる側はそもそもそういう知恵の存在を知らないから、聞くこともできないが。

それから植林をする場合も、伝承された知恵を知っておくことは意味がある。

「尾根マツ、谷スギ、中ヒノキ」という定説がある。どこへ行ってもそれがいいというわけではないが、一般に山地の谷筋というのは土壌湿度も空中湿度も高く、尾根は乾燥する。湿度を一番要求するのがスギで、その次がヒノキ。マツは逆に尾根が好きで、自然に生えさせたら日当たりが良くてやや乾燥気味の尾根を好む。

昔の人は一つの山にそういう仕分けをした。昔はマツも欲しいしスギも欲しいしヒノキも欲しいしといろいろ欲しかったので、そうした工夫をこらして植えた。

昔は山をつくるときに、一つのブロックにすべてスギだけとかヒノキだけとかではなくて使いいいように植えていった。少量多品目が昔のやり方で、今は単純で大量生産・大量消費という形だが、これは何も林業だけに限った話ではない。

必ずしも谷スギで尾根マツでなくてもいいから、そういう思想、考え方を大事にしていきたいと思う。今は知恵を使う場所をさえ見つけられなくなってしまっている。これはすでに指導層でさえ使えなくなっている。

特に若い人たちや自然保護の思想を持った人たちが、素直に「こうすればいいんじゃないか」と発想する場合があっても、周りがはっきりした理由もなく「それはダメです、できません」と応じないことが少なくない。「そんなこと考えても間に合わないよ」などということで大切なノウハウや知恵が伝承されないことも多い。

知恵というのは日常的に考えたらごく当たり前のことだが、今は逆に情報が多すぎて肝心の大切な情報が抜けてしまっている。それを埋めるためには、今やっていることが納得できたり愉快であったりしないと定着しない。人間はどうしても楽な方へ楽な方へと流れてしまう傾向があるが、逆に言えばその楽にするというのは、知恵とか隠れたノウハウをたくさん持っていて必要に応じて小出しにするということだ。その方が楽でもあるし、また楽しいものだ。

今は一歩間違うと何でも機械化の方に行ってしまうが、あくまで人間が主体だという前提を忘れないでほしい。

四季の山仕事

今、こういう時代になって、四季おりおりの季節感が一般的に失われている。食べ物も同様で、山菜ですら栽培によって年がら年中食べている。

しかし、本来人間が一つ一つ年をとっていくときに、四季感があってこそ初めて「ああ、生きてるな」という実感があると思う。

その点、山仕事は四季の最たるところに接近している。これを理解せずに材積を出せばいいとか、どういう木がだめだから倒せなどというのではなくて、豊かな自然のなかで見ることが大事だ。それが基本になると、山に対する思いもやり方も違ってくる。

人間の生活自体に季節感がなくなってきているから、いつでも同じことを繰り返していくことになり、これが多分、特に日本人の場合ストレスのかなり大きな原因になっているのではないかと思う。

日本の三分の二ぐらいは落葉広葉樹地帯に属しているわけで、春に芽がふいて新緑につつまれ、夏は緑が深まり、秋に紅葉して、冬枯れして葉を落とすという四季の巡りがあって、これに一番近いところにいるのが山仕事である。

季節的な作業をあげてみると、植林はだいたい春の仕事である。ちょうど木が水を吸ってこれから芽を出し葉を出していこうという寸前に植林してやると、気温の上昇に伴って芽吹いてくる。その頃から植えたものも根づいて育ってくるわけだが、その間に介在してくるいわゆるその他の雑草灌木も皆芽吹いて伸びてくる。

植えた木はそれらと競争するわけだが、これを和らげてやるために下草刈りを行なう。下刈りは刈られる草のダメージが最も大きいときにやるのが効果的である。冬に下刈りしても、春先になればみんな芽が出てしまうが、四月頃から六月頃にかけて新芽が伸びきってさあこれから花を咲かせ種を実らせようというところでバサッと刈られると一番ダメージが大きい。

昔の林業は入梅前から真夏にかけては木は伐らないというのが原則で、同化作用を盛んにして水をどんどん吸い上げているときは、温度が高いときなので木を倒すと虫がつくし、かびも生えやすい。自然の中にはこれを待ってましたという菌や昆虫がいるわけで、ちょうど彼らの餌になる。だから、こういう時期には伐採はなるべくやらなかった。

ただ、最近は人工乾燥ができるようになり、また、需要が通年的になったので、実際は梅雨期にも木を伐り出すことが多くなった。できるだけ短期間に搬出して製材したり、丸太のまま人工乾燥してしまう技術が出てきて、シーズン的な要素が薄くなっている。

しかし、一般的にはやはり春先までに伐った木をストックしておいて、梅雨期にはストックした木を利用する。そして、土用をすぎて涼しくなり始めた頃を見計らって伐採を再開する。これが八月の下旬から九月の初旬頃。

ただ、これは材を搬出して利用する場合であるから、切捨ててしてしまうのならいつでもいい。最近は切捨て間伐が多いから、下刈りの頃に一緒に間伐してしまう。これはその時期は逆に腐りやすいので都合がいいわけだ。ただし、残された立木も水気が多く皮が剥げやすいので、伐倒や搬出時には傷つけないよう十分注意しなければならない。

伐採の時期としては一一月頃、落葉して次の春に芽が吹くまでに伐った木が最も良く、次いで土用すぎから秋ぐらいまで。その他の時期にはできるだけ伐らない方が好ましい。

昔は農林複合がうまくサイクルしていたので、農閑期を利用して山仕事が行なわれていた。忙しい春に植林するのを避け、稲刈りが済んで山の土壌が凍結するまでの秋に植林をすることも行なわれていた。秋植えの場合、根が雪の下で湿気を含んで春先には十分土になじんでいて、春になると順調に芽が出るというメリットもある。

春植えは苗木が芽吹く寸前に植え終えればよいが、遅くなって芽吹いてから植えると苗木が衰弱して活着が遅れることもある。

最近は農事が短縮されて他の勤めに出る人が多くなり、また、農林の複合関係が薄くなって植える人は農と関係ない林業専門の担当者によることが多くなったため、ほとんど春先に植えている。やはり秋に伐採して地ごしらえをする仕事があると、どうしてもそちらを優先して春先一番で植えるという手順が定着してきている。

昔の農事は冬のハウス栽培などの施設栽培もなかったので、冬はほとんど仕事がなかった。したがって、こうした農閑期を利用して伐採をする、地ごしらえをする、炭を焼く、薪をつくるという仕事がうまく組み合わされていた。

枝打ちも秋から春先、水を上げる直前までにやるのが好ましいとされているが、厳冬の地域では雪や水が切り口に入って凍結の害に侵されることもあるので、この時期を避けている地域もある。

春先に水をあげる寸前に枝打ちすると傷口が乾燥しないうちに下から水が上がってくるし、上から養分がおりてきて、いわゆるカルスというう人間でいえばかさぶたがうまくかぶって傷口が癒されやすい。

枝打ちの量が多いと短期間では済まされないが、年次的な計画を立てて、理想としては年を越えた新年から春先までにやるのがいい。

入梅時には、伐採や枝打ちは基本的にはやめたほうがいい。

測樹や測量の作業はいつでもいい。測量などは落葉しているときにやると、見通しがいいから仕事がとても楽だ。下生えの落葉期には見通しや藪の歩きやすさもぜんぜん違う。

一般には、山仕事はいつでも年中だれかがやっていると思うかも知れない。しかし、こうしてみると当事者たちは仕事量が多いと季節感は薄れてはいるものの、できるだけ季節に合わせた作業をやっている。農事との組み合わせがなくなって専業になると、一年を通して仕事の多いときと少ないときがあるので、仕事のサイクルを組むためにはいろいろと工夫をこらしている。

今の人は真冬には山仕事をするものではないと思っている。冬になって雪でも降ると、「お休みですか」と聞かれたりする。でも、昔は冬こそ伐出や炭焼きのシーズンだと喜んでやったものだ。今は雪が降り積もると、車両や機械類が雪道を登れないので休んでしまうこともあるが、昔は人力が基本であったため、雪が降ったときは逆に雪を利用して材を出した。秋田などでも写真が残っており、雪ぞりに木の頭だけのせて馬に引かせて雪を利用して搬出した。しかも、この方法だと木が傷まない。それが機械化したばかりに、冬は逆に休みだと思うようになった。

しかし、材質にとっても伐るのは冬の方がいいし、林床植生にとっても雪があれば木を伐り倒したときや搬出するときに潰されることも避けられるので、あらかじめ積雪期でも伐出が可能な林地を確保しておけば、四季を通した作業は続けられる。雪中作業というのは寒さに相当耐えなければならないが、今は長靴や着るものも温かいものがいろいろ用意されているのだから。

山仕事は、本当は体で四季を感じてもらいたい。都会の人から見たら「いいなあ、山の中でいつも緑の中で仕事して、いい空気吸って」と言われるが、今はなかなかそうなっていない。

「四季の仕事」から四季をはずせば、ただ仕事だけが残ってしまう。

山造りは手間いらず

山造りにあたってまず最初に確認しておきたいのは、今言われている「手入れ不足」というのは、戦後造林した山に必要な手入れがされていないということであり、これはその通り事実であるものの、「手入れ不足」が一人歩きして、山造りというのはとかく手のかかる大変な仕事と思い込まれている向きがある。これがまず思い違いである。

そもそも、日本の山は山林だけを所有している山主よりも、農林家と言われるように農家が付随的に山を持っているという形が多かった。そして農閑期、つまり冬の季節の仕事だった。これは木にとっても都合がいい。枝打ちや間伐などは木が冬眠したり不活発な寒い季節に行なった方が植生へのダメージが少ないので、人の都合と木の都合がうまく合っていたわけだ。今では夏の作業と思われている下刈りも、昔は植林そのものが秋に行なわれて、草が生えない冬を一つ越すというやり方だった。春に植えるよりも、元気に育つことも多い。

つまり、山の手入れというのは片手間というと聞こえが悪いが、その程度で賄われていた。もちろん専業の山師、山守りは少数いたが、ほとんどは季節商売であり、山の手入れはその程度でできていた。決して山造りは手間がたくさんかかるやっかいなものではない。

具体的に数字であげてみよう。

わかりやすくするために、プロの仕事量として提示してみる。一ヘクタールの山を管理するのに必要な人数である。

一年目	地ごしらえ		二〇～三〇人
一年目	植林		一五～二〇人
一年目	下刈り①		五人
二年目	下刈り②		五～一〇人
三年目	下刈り③		五～一〇人
七年目	除伐①	ツル切り含	五～一〇人
一二年目	除伐②		五～一〇人
一五年目	間伐①	手ノコで可	一〇～一五人
二二年目	間伐②	チェーンソー	一〇～一五人
三〇年目	間伐③	〃	一〇～一五人

一回目の間伐は場合によっては手ノコでも倒せるし、細いものはナタでも倒せる。一五年生頃の間伐材は今は用途がないので切り捨てられることが多い。間伐はしばしば繰り返すことを理想とするが、この例では実勢を勘案して七、八年おきに少なくとも三回ぐらいはやることと

した。二回目、三回目になるにしたがって、だんだん木は太くはなってくるが、伐る本数が少なくなってくるので、人工《にんく》（単位面積当たりの仕事を果たすのに要する人数。山では普通一ヘクタール当たりの人数）はやはり同じぐらいで済まされる。

間伐が済んだら枝打ちを行なう。枝打ちを間伐する前に行なって伐る木まで一生懸命に枝打ちしても無駄になるからだ。枝払いがやはり一〇〜一五人ぐらいだが、二回目の枝打ちもやはり二回目の間伐が済んだ後に行ない、やはり一〇〜一五人ぐらい。これだけやるとかなりきれいな枝打ちができる。

育林はこれでだいたい終わるが、育林に必要な人数は合計一一〇人〜一七〇人ということになる。集約的に丁寧にこまめにやっても全工程一八〇人工もあれば済む。

一ヘクタールに六〇年間で一二〇人〜一八〇人の人工があればそこそこな山造りはできるわけだから、年平均にすると二〜三人工でできてしまう。大きな経営をやっているとしても、ある所は植林、あるところは下刈り、またあるところは間伐というようにローテーションを組めばいいので、一人で年間二〇〇日ほど働くとして、七〇〜一〇〇ヘクタールの山は預れる。

ただし、少ない手間で比較的楽にできるというのは、手入れをずっと滞りなくやっていた場合に限られる。だから、「山造りはそんなに手間はかからないよ」と言いたいが、これをどこかで放棄してしまうと事情は違ってくる。途中で手を抜いてしまうと倍倍と大変になってくるわ

間伐実施前（左）と実施後（右）

けだ。
今の日本の山は、初期の下刈りまでは補助金などの関係もあって、よくやってある。その後、除伐の段階頃から手抜きが始まって、間伐となるともうほとんど行なわれていない。こうなると、大変な藪になったり木が混んでしまい、一〇人工も二〇人工も手間がかかる。過去に手抜きをした分は、ちゃんとお返しがくるわけだ。一年に二人工かけているとして、一〇年放っておけば正常に戻すには二〇人工が必要になる。

正常に戻ればいいが、手遅れになっているほど下枝が枯れ上がって、全体が細くなってしまう。手遅れになれば、見た目の本数は戻せても、育った木そのものの強さや年輪を取り戻すことはできない。一ヘクタールあたり一〇〇〇本あるのを五〇〇本にすることは後からでもできるが、順々に手入れをしてきた五〇〇本と一気に手入れをした五〇〇本の違いはどうしても出てしまう。

手を抜いた時間、一〇年放ったら二〇人工、二〇年放ったら四〇人工ぐらいかけないと山の手入れができなくなる。今の林は最初からだいたい五〇～六〇人工ぐらいかけた段階で手入れを止めてしまっているケースが多い。その後、手抜きをしてしまっているので、その山を復元するには最初は大変だ。

実際は、除伐から手を入れられずに三〇年生を超えた山が著しく増えてきた。なかには四〇年間一度も間伐されていない山もある。除伐から行なわれていないのが日本の人工林一〇〇〇万ヘクタールのおそらく五～六割。それから三〇年生以下、二〇年生以下の林でも手入れがされていない予備軍もあるわけで、それらが今後どんどん繰り上がってくる。

今は一番手遅れの三〇～四〇年の林を間伐するのに手いっぱいでアップアップしており、それすらも十分にはできていない。本当はもうこの一番手遅れの林は諦めて、今一番手入れが必要な、途中から再生しそうなものからやるのが大事だと思うが、あまりにも対象面積が膨大になってしまっている。

伐期の引き下げとか小径優良材生産が提唱されたこともあって、「枝打ち優先、間伐後回し」の人工林が全国的にとり残され、急激な人手不足とも相まって、こうした手入れ不足が膨大な面積に累積してしまった。

これまで述べてきたのはプロの仕事量として換算したわけで、素人が山造りをするならば、少なくともこの二～三倍ぐらいはかかるだろう。プロが一〇人工でやれるところは二〇～三〇人工はかかる。

ただ、仕事というのはやればやるだけ慣れるもので、初めは誰もが素人だが、慣れさえすればそれほど明確な違いがあるわけではない。ただそこで、基本をきちんとやった素人と、まったく基本をやってない素人ではかなり違いが出てくる。基本ができていない人は、ナタ一つを例にとっても切れないナタをもってくる。忠実に基本をまずやるというのが特に素人林家の場合にはとても大切である。基本がないと、本人も面白くならない。

切れる道具と切れない道具

私の信条は山造りは誰にでもできるというものだが、とは言っても無手勝流ではだめで、それなりの学習が必要だと言っている。このなかには山の斜面を歩けるとか、樹木の名前や特性を知っていったりという部分もあるが、技術的にはやはり基本的な道具類がきちんと使えるということだろう。

最低限基本の道具はナタ、ノコギリ、カマという刃物類があげられる。これらの道具は昔、多くの人が農家だったり、また、なかでも山つきの農家だったりしたときには、大人ならば使えたり手入れができるのが当たり前で、あらためて教わるとか学ぶという必要はなかった。薪割りだとか草刈りなどを子供の頃から仕事としてさせられたような時代には、体で覚えていったものである。

それが社会の大きな変化の過程で農家だった家庭が大幅に減ったたけでなく、仮に農家であっても子供らに家の手伝いとして農作業や山仕事をさせるということがほとんどなくなっている現在では、自然にこれらの道具を使えるようになるなどということはないわけで、これらの道具をポンと渡して「さあ、やりましょう」というわけにはいかない。

　また、多少これらの刃物を使った経験のある年齢の人たちも、こうした道具の手入れをきちんとしておくという習慣をもっていない人が圧倒的に多くなっている。刃物はこれらに限らずすべてそうだが、切れなくなったらこまめに研ぐのが当たり前で、常に切れる状態にしておいてこそ刃物である。こういう手入れをきちんとしておくことで道具を長持ちさせられるし、手入れができている刃物は作業のはかどり方が違う。なによりも作業そのものを楽しくさせることを強調したい。

　どちらも最初の基本が大切で、それさえ最初に学んでおけば、あとはまさに習うより慣れろということができる。

　また、木を伐るには今やチェーンソーなしでは考えられなくなっている。ところが、チェーンソーを持っている農山村の住人でも、これを十分に使えない道具にしてしまっていることが多い。あるいは買ってしばらくしたら使いこなせなくなって蔵に入れっぱなしという例もある。

　講習会や地域の作業などで持ち出してきても、たいてい次の二つの理由で使えないことが多い。

　一つには、なかなかエンジンがかからないので使う前にくたびれてしまった、などということがよくある。機械類を常に好調に保っていくためには、すべて基本的な手順に習熟する必要があり、添付されている取扱い説明書の内容を忠実に履行することがその早道であることを忘れてはならない。

エンジンのかかりが悪い、アイドリングの途中やアクセルをふかしたとたんにエンジンが止まってしまう、切断中エンジンの回転が思うように上がらない――。こんなときはキャブの調整が十分でないか、エアクリーナーのフィルターが木くずやオイルで汚れているケースが多い。

もうひとつはエンジンがかかったとしても、今度はさっぱり切れないという例が多い。エンジン音ばかりふかしていて、一向に木が伐れていかない例をしばしば見受ける。こうしたとき、たいていコヌカのように細かい木くずばかりが出ている。

チェーンソーも刃物なわけで、当然刃は研いで使うものである。動力であるため自動的に伐れると思ってしまうのだろうか。他の刃物も研げなくなっているが、チェーンソーの刃を研ぐことさえ知らない例もあった。

KOA森林塾発足の契機も、せめて山の道具ぐらいは使いこなせないと、ということから始まっていた。

また、今では笑い話にもなっているが、かつて私の山林塾に県下のM森林組合から要請があった。Iターンしてきて一年ほどを経た二人の伐出担当の職員が、「仕事が面白くなくなって辞めたいと言っているが、何とか説得してくれないか」とのことであった。当のご本人は大変真面目で山仕事の大切さなど十分承知してこの道に入ったが、先輩職員と比べるとどう努力しても思うように仕事がはかどらず、その不甲斐なさに心を痛めていた。

一緒に間伐を始めてすぐ気付いたのは、彼らのチェーンソーがさっぱり切れず、私の何分の一も仕事がはかどっていないということであった。

「おい、それはチェーンソーかい」と冗談交じりに問いかけると、彼はまだ真新しいチェーンソーを手にしながら、「はあ」と怪訝顔で答えた。手にとってみると、メカは新しいし掃除もそこそこしてあったが、キャブの調整は不十分だし刃は不揃いで切れ味はさっぱりであった。キャブの調整はしたことはないし、目立ては先輩の見よう見まねで済ませてきたという。

早速、キャブの調整を基本通りにし、不揃いの刃は十分時間をかけて矯正した。

「さあ、使ってみて」と言うと、エンジンは一発でかかるし、空ふかしすると「ブァーン、ブァーン」と2サイクルエンジン特有のうなりをあげ、切れ味は正常に戻った。彼は満面に驚きの笑みを表して「わあー、これは新品同様だ」と喜び叫んだ。たった二日間の研修で「山の道具は切れて当たり前」ということを体得して職場に戻った。

一年ほどたってM森林組合を訪れたとき、彼らは先輩諸氏に伍して営々と伐出事業に取り組んでいた。

チェーンソーの目立ては棒ヤスリで行なうが、これが初めてだとなかなか角度が定まらず、たいていの初心者は目立てではなく、目つぶしをしてしまうことが多い。それゆえ、研げないと思い込んでしまうようだが、ゲージつきの棒ヤスリが市販されていて、一定の角度がきちんと定まるようにできるので、これを利用するだけでもずいぶん違う。

プロはこういう簡易な道具をばかにしがちだ。たしかに微妙な調整はできなくても、まるで切れない刃物を使うより何倍もいいわけで、素人がやるときにはすぐにプロと同じことをやらせたり要求するよりも、少しでもできることをするというこまめなステップが必要だろう。

これらの道具に限ったことではないが、山造りの道具は楽しく使えるものでないとノウハウも伝わらない。苦心惨憺して使えるようになるということでは駄目だ。だからこそ基本を忠実

チェーンソーの手入れとメンテナンス（ＫＯＡ森林塾で）

に覚えることが大切で、それさえしておくと面白くできるし、面白いと当然仕事がはかどり、結局は仕事が楽しくなっていく。

林業関係ではいろんな講習会を開くが、そのなかでこういう基本中の基本をやる例は少ない。いきなり高性能な大型機械などの講習をするのではなく、ぜひこの種の基本をしっかりとやってもらいたい。

農山村といえどもすっかり山や田畑とのつながりが減っているなかでは、知らない、使えない、という道具や人がほとんどになっているという認識を持つべきで、その対応をしっかりやらない限り、音頭とりだけになってしまう懸念が大きい。

小型機械類の重要性

昨今の山の手入れは、成熟の途次にある森林の密度を適度に抜き伐りすることが基本にあるわけで、こうした営みがそこそこ行なわれていれば山造りはそれほど難しいものではない。間伐はそのための一工程だが、実際今は必要な間伐の三割ぐらいしか行なわれていないし、抜き伐った材を出しているのはさらにその半分にも及んでいないことになっている。私の見る限り、実質間伐材の六~七割は切り捨てられている。

これが材の直径で五~一〇センチの小径のものなら今の状況ではやむを得ないとしても、三〇センチ前後にも育っているものさえ伐り捨てられているというのは、なんともしのびないことだ。それでいて国産材振興と言うのだから、ナンセンスとしか思えない。間伐したらできるだけ材を出す、そして利用する、ということが基本になっていかなくては日本の山造りはどうしようもない。

とは言っても、伐って出すという仕事は結構難しくきつい作業で、そのために機械化が常に推進されてきた。

国産材主導の時代に大面積伐採現場からの集運材手段として多用されてきた大型集材装置や索道は、伐採面積の縮小や担い手の激減が続いた昭和四〇年代後半頃からは衰退の一途をたどり、昨今ではごく一部の有力伐出業者の作業現場で見かけるに過ぎなくなってしまった。また、これらに代わって各地に展開し始めた間伐の推進期に創出した各種モノレールをはじめ、ウインチ付きの中小型林内作業車やトラクター類も、間伐材の需要不振に陥りだした昭和末期頃から稼動数は激減し、間伐材の切り捨てのみが目立ち始めてきた。

こうした状況を憂慮した林業関係者は強力な行政主導のもとに、ここ十数年来全国的に「大型高性能機械」による森林整備の推進と国産材の量的確保あるいは若手労働力の確保等を図ろうとして、その普及を推し進めようとしてきた。

しかし、これらの大型機械類は平地、もしくは緩い丘陵地の多い欧米で発達した方式をそのまま日本にも適用しようとしたものであり、さまざまなネックもあって今後に残された課題が多い。

最も大きい課題は、日本の山がほとんど地形が複雑な急傾斜地にあるという点である。高価な大型高性能機械を適用できる範囲は限られてしまう。また、これら大型の機械は材の集積などのためも含めて、自由に動ける一定のスペースが必要で、一〇アールぐらいの広場が造れないと難しい。また、当然のことながら大型機械類の出入りに見合う勾配やカーブの整備された林道も必要だが、日本の山は欧米各国の敷設率とは比較にならないほど林道ができていないので、そういう点からも十分でない。

これらの結果、大枚をはたいて導入した機械類も実質の年間稼働率が悪いうえ、あまり使わないために技術の習得も徹底されないという矛盾も生じている。一方、日本中で「大型高性能機械の導入」が言われ始めて以来、実際に小回りがきいて小規模な現場でも使えて、そこそこな機動力のある小型・中型の機械類の普及がスポッと抜けおちて、山にかかわる人々の間でもこれら機械類の存在すら知らないという例も出てきている。

世界という市場をにらんで、零細規模の森林を集約して大型高性能機械で効率よくという図式は一見きれいに見えるが、機能しなければ意味がない。冷静に考えて日本の地形と条件を見れば、大型高性能機械だけで日本の山の手入れが進むかといえばこれは難しい。もちろん、これら大型高性能機械を否定するものではなく、北海道とか大規模の山林を所有しているところなどでは十分それを生かすことは当然だが、現実を見据えれば小型・中型の機械類も十分使えるように零細所有者らに働きかけていくこともまた同じように必要なことだ。

　たとえば、伐った材を集積するためにひっぱり下ろす機械や、林内作業車にも小型で小回りのきくものもあり、ウインチ付きで応用範囲の広いものもある。これらのなかではやや大型になるが、架線を張ってリモコン集材する機械なども、一人の所有者が購入して使うには値がはるし稼働率も上がらないが、行政もしくは森林組合などがその使用方法や技術指導もする形でリースとセットで行なえば、小規模な森林整備もかなりできる部分が

小型搬出機械「ウインチ付キャタピラートラクタ」
20°の傾斜を上り下りし約１トンの木材が積める

あるはずだ。

これだけの造林面積がある現状では、ある部分の切捨てはいたしかたないが、ただやみくもに「仕方ない」とするのではなく、どの部分を切捨てにし、どこからはきちんと出して利用するのか、また、そのために大型高性能機械が適用できる地域部分と、もっと小回りのきく小型・中型機械が使用できる範囲とを区分けして、かけがえのない資源の少しでも多くを運び出す努力を傾けたいものである。

林道は山の動脈

日本の山の七〇〜八〇％は今日に至るまでの数百年にわたる長い期間を通して、主に木材供給を目的にかなり強度な干渉を受けてきた。昨今のように道路（林道）も車両もなかった昭和三〇年代前半頃までは、麓の里から数キロも隔てた奥山からの木材の運び出しは水運（渓流に集めた木材を堰でためた水に浮かべては堰を切って順次下流に移動させて運び出す）、木馬や修羅による滑路、人畜力による土引き等にはじまり、明治中期以降、鉄線や鋼索（ワイヤー）を用いた架空索運材が台頭し、大正期以降は集材機の登場によって架空索運材法は技術的改良が著しく進展し、戦後に展開された奥地林の大面積的開発を背景に、わが国の集運材手段の王座を占めてきた。また、これと前後して、軌道を利用したいわゆる「森林鉄軌道」も国有林を中心に長距離奥地林開発を可能にし、昭和三〇年代半ば頃までの「林鉄」時代を形成してきた。

こうした奥地林開発を含めた山仕事はすべて人海戦術で推し進められたもので、伐出現場や跡地の造林への通勤は、一部林鉄による人員輸送を除いてはもっぱら徒歩に頼る以外に手段は見当たらなかった。こうした時代を裏書きするように、当時はほとんどの渓流沿いや尾根筋には手入れの行き届いた歩道が通じていて、山仕事は「歩いて通うこと」がごく当たり前だった。

また、作業現場までの到達に長時間を要する場合には、現地付近の水便のあるところに仮小屋を建てて山泊《さんぱく》による作業が行なわれた。数日間の食糧を背負い、かろうじて風雨がしのげるような仮小屋でランプ生活を送ったのもつい三〇〜四〇年前頃までの事柄である。

今では想像もつかないこうした先人達の営みと努力によって、今日に見られる日本の大部分の森林は再生が図られてきたのである。

また、その当時までの木材の流通範囲は一般にごく限られた地域内に止まるものが多く、遠距離輸送されるものはすべて鉄道の貨車を利用して行なわれていた。

ところが、昭和四〇年代を迎えると、わが国の高度経済成長は広範にわたるインフラの整備が急速に進展し、全国ネットの道路整備と物資輸送の自動車化は地方における幹線道路やこれから派生する林道網のめざましい改良・開発とトラック運材の優位性を高め、それまで日本各地の風物詩でもあった山林開発の様態を一変させ始めた。

徒歩通勤や山泊の消滅はあっという間の出来事であり、自動車利用の通勤圏でない作業現場は敬遠されるし、電灯やテレビ、風呂、トイレの設備がない山泊などは考えられない時代となった。

今や林道はかつてのように木材の搬出路だけでなく、通勤用の動脈としても不可欠な存在になってきている。経験的にも、車から降りてチェーンソーをはじめ山仕事の道具や燃料を背負って二〇～三〇分以上もかかるような作業現場は嫌われる時代で、自動車が現場に横付けするのは当たり前になっている。ところが、実際の林道の配置はまだ著しく不足しており、通勤や木材の搬出に当たってはいまだ相当に過酷な労働が強いられているのが実態である。

林道配置の状態は普通「林道密度」という指標で表される。一ヘクタール当たり平均して施業対

カラマツの大面積造林地を望む。林道端から歩いて2時間を要する林地もある

象地域内に林道の延長が何メートル開設されているかを示す値で、今の日本では一般車両も通行できるような規格を備えたいわゆる一般林道の延長はわずか五～六メートル／ヘクタールであり、現場作業の都合によって臨時的に開設される低規格な林道、いわゆる「作業道」を含めても一〇メートル／ヘクタールに至っていない。

図7はカラマツとアカマツを主体とした拡大造林地域で検討した成果であるが、林道密度が二〇メートル／ヘクタールを超える里山であっても、既設林道端から三〇〇～四〇〇メートル以上隔たった林地の面積は六〇％あまりに及び、また卑近な林道端から徒歩で三〇分以上を要する林地（歩道が整備されていない箇所では六〇分以上）も四〇％に及ぶこともわかった。

昭和六〇年に当地域内で実践した間伐の実績によると、林道端から三〇〇メートル以上隔たると現有するいかなる伐出手段を講じても、これら林地での間伐事業の収支はほとんどすべて

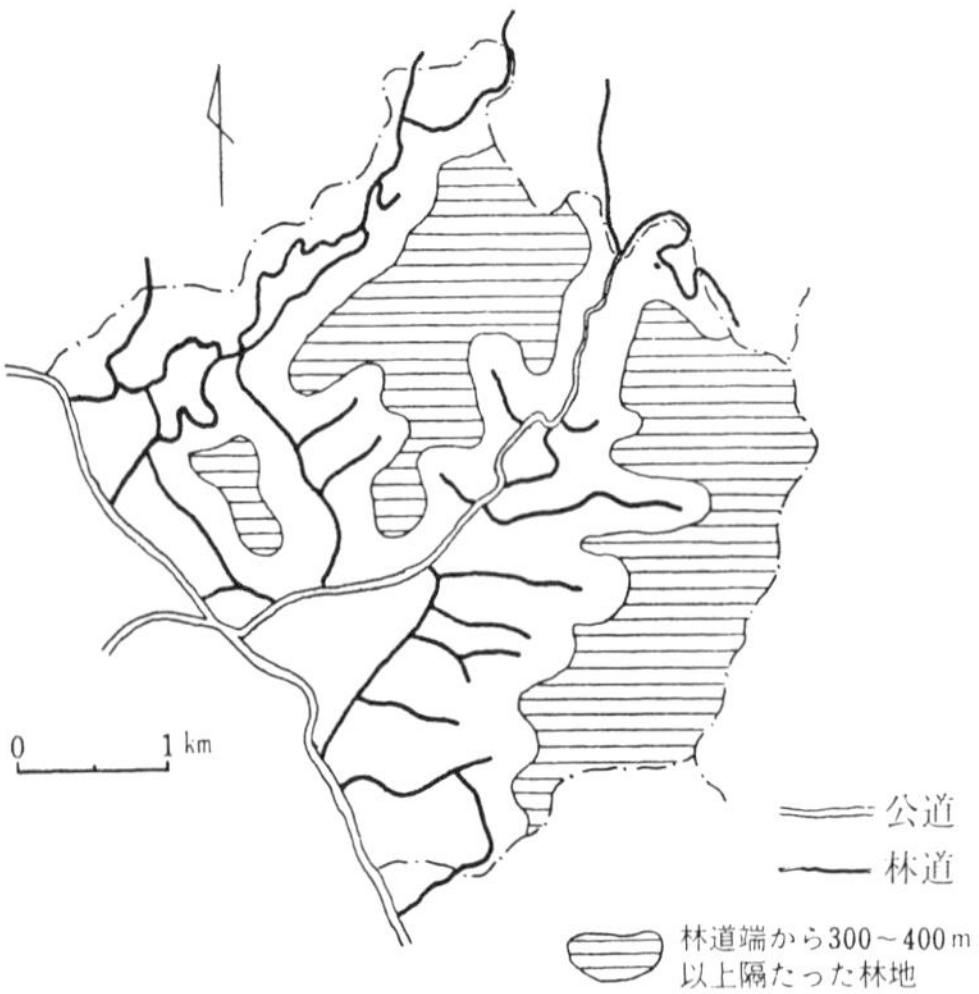

図7　林道端からの集運材距離による地利級区分

が負値（伐出の経費が山元での間伐材の売り払い収入を上回ってしまう）になってしまうと判断された。以来、この地域では間伐事業が行なわれてもほとんどすべては切り捨てられて、間伐材の搬出は皆無に等しく、徒歩通勤になじまない造林地ではやむを得ず間伐も行なわれないまま放置されている。

戦後、拡大造林の最盛期には徒歩通勤や山泊が当たり前の時代でもあったため、大面積的な皆伐、中大型架線による長距離運材、伐採跡地への大面積造林が半ば人海戦術で行なわれてきたが、車社会となった現代では林道密度が薄いこれらの林地では、人は近づけないし維持管理や伐出のための経費はかさむばかりで、潜在的には手入れ不足による山の荒廃は日に日に募っているといっても過言ではない。

このような事態を少しでも解消していくためには、激減が続いている現有労働力や新しく参入が期待されている若手就労者のためにも、また森林の整備を進めながら伐出コストの低減による森林資源の有効利用を図っていくためにも、目標の五割にも満たなくなってきている林道の開設延長にはもっと本腰を入れた取り組みが果たされることを声を大にして訴えたい。とにかく林道は単なる物造りではなく、思いやりの心がこもった贈り物であってほしい。

なお、林道は多分に人命にかかわる要因も含まれることもあって、構造上やや厳密に過ぎる規定（林道規定）も見受けられる。規定の見直しも含めて開設単価の低減を図り、大幅な開設延長が図られるような柔軟な対応が望まれる。

また、林道維持費や道路交通法上の安全性などの配慮から、路面舗装やガードレールの設置についても、開設延長の必要性との見合いから過剰投資に陥らないよう慎重な対応が望まれる。

歩道（径路）の役割

日本では、作業現場はおしなべて傾斜地にあることが多いし、特に拡大造林地の多くは奥地であり林道も少ない。したがって、現場までの往復は山腹の傾斜地を上り下りすることが強いられる。山道の上り下りはかなり苦痛に感じるものだ。

これを一〇％（水平距離一〇〇メートルにつき一〇メートル上がる傾斜）ないし一二％ぐらいの勾配で、山腹に幅五〇センチぐらいのジグザグの道をつくる。ジグザグにすると傾斜地をまっすぐ上り下りするよりは距離は長くなるが、労働強度はずいぶん楽になる。これを「歩道」あるいは「径路」と呼んでいる。

なるべく自分の守備範囲には歩道をつくるといい。しょっちゅう歩くわけだから、傾斜はあまりきつくしないように、なるべく緩くつくる。山の中を径路に沿って巡回すると、山の様子がそれだけダイレクトに感じられるようになる。山を歩くことで、「あ、あそこは何が必要だ」「あそこは今度はあれをしよう」ということがわかる。

何ヘクタールもあるところを改めて調査しようとすると広さに圧倒されてしまうが、歩道が入るだけで中を歩いてみようという気分になる。森林の地形を含めて木への理解も深まる。

もう一つの利点は、この歩道があることで山を小分けして考えることができるということである。尾根筋とか谷筋とか、それからこの歩道で分けられている上とか下とか、今日はこの区画とあの区画をやろうと一〇アール単位ぐらいで山を小分けしてしまう。一ヘクタールと言われると圧迫されるが、一〇アールぐらいだと先が見えそうで、「じゃ、今日はここを三人で一日かけてやればいいか」という気持ちになり、仕事が進む。一日中「ああ、大変だな、大変だな」と思ってやるのと「あそこまでやれば終わりだな」というのではかなり違いがある。

このように山を小分けすることによって気持ちのうえでの負担が軽減され、仕事がしやすくなるので、林道だけではなくそのなかに歩道も含めて考えていってもらいたい。

歩道を作るときは、簡便なコンパスやハンドレベルによって所定の勾配をとりながらルートのヤブを一メートル幅ぐらい刈り、大きな立木があれば上を通るか下を通るかして迂回するようにして全体のルートを決める。作業用の道具としては「トグワ」を使う。それから、掘った土をあとでかきならすときに使う「ジョレン」、この程度の道具でできる。

このような作業の繰り返しによって、普通一人一日五〇メートルぐらいは十分つくれる。初めは大変だったら幅は三〇センチぐらいでもいい。

歩道の開設

歩道のつくり方は図8のように、

①まず道幅のセンターから幅三〇センチぐらいの山側の土を延長一メートルぐらいにわたってトグワで掘り、

②掘った土はできるだけ下方に流さないように、センターの下側三〇センチぐらいの幅に盛り上げる。

③盛り上げた土は靴底でしっかりと踏み固め、トグワやジョレンを使って路面全体をほぼ水平にかきならし、再度全面を踏み固めて完成する。

このようにわずかの手間をかけるだけで後の作業や林内への往復がどれだけ楽になるか、ぜひお勧めしたい。

測樹・測量

山造りは、誰かの指示に従って植林だとか下

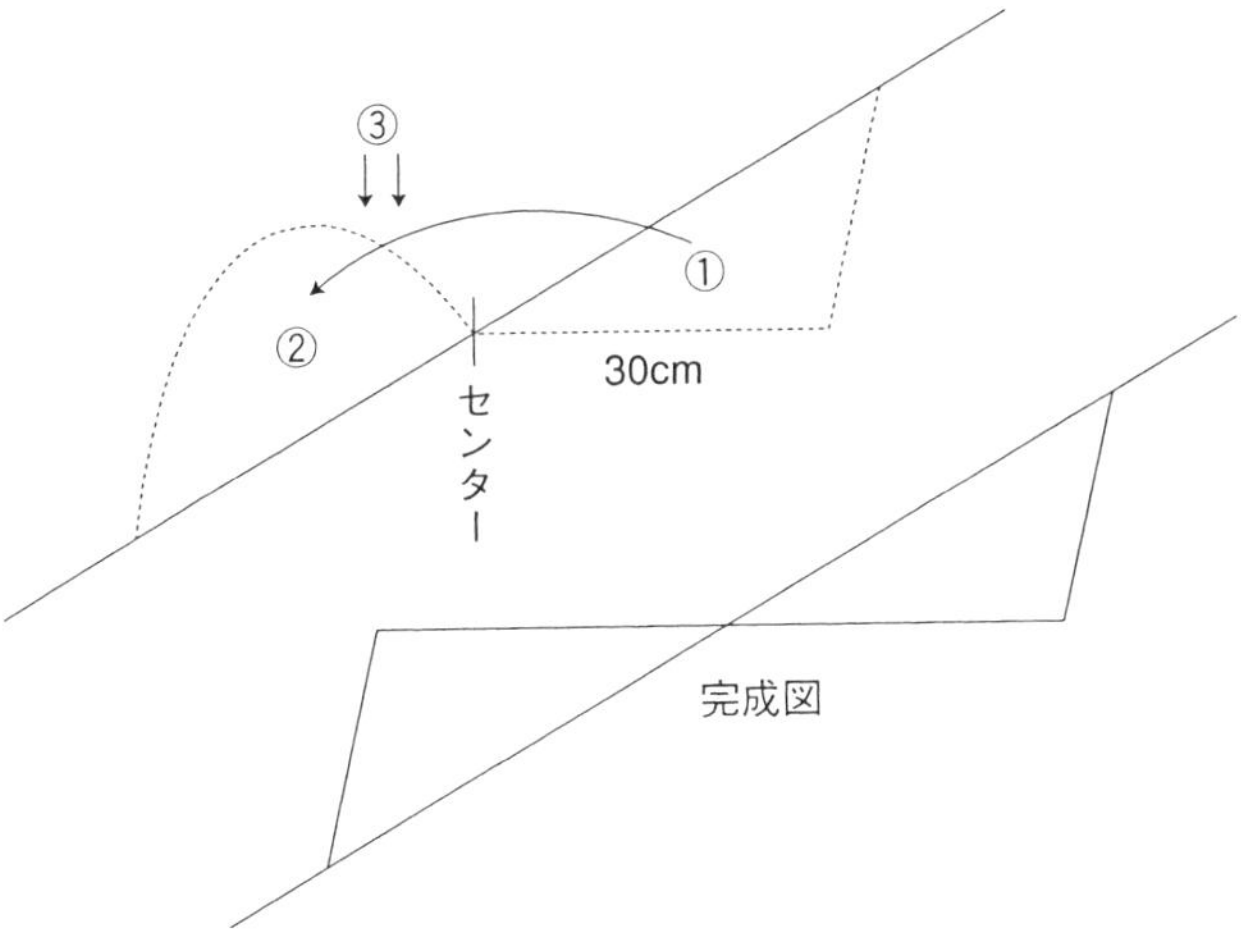

図8　歩道づくりの手順

草刈りとか一つの作業を言われたままにやるならば、わずかな知識や道具の使い方を教わるぐらいでもできるが、己の責任で主体的に山を管理していくとなると、それが所有山林であるかどうかには関係なく、それなりの学習が必要になってくる。

自分で山造りの全体を管理していこうとするときに必要なのは、仕事量の見積りができるようになること。そしてこの見積りは、山林の広がりと樹木の種類や分量などがわからないと難しい。

現実には、所有者の山離れが加速した現在では、自分の山の境界線さえわからなくなっているケースが大変増えている。境界どころか、どこに山があるのかさえわからないケースも出てきている。

これから山造りをする山がどういう場所に、どのくらいの広さがあり、そこにどんな樹種があり、その全体量はどのくらいあるのか——。こういう基本的なデータが揃って、初めて「どんな山造りをしていくか」ということが考えられるわけで、これがないなかでただ「さあ、植えましょう」「さあ、刈りましょう」では楽しさは半減する。何のために、どういうことをするかということを明らかにしていくことが必要だ。

測樹も測量も一日足らずの学習で最低限のことはできるようになる。

まず測樹とは、読んで字のごとく樹木を測って、われわれの必要に応えようとするものである。長い間の学問・研究によって、一本の立木の高さと直径（太さ）がわかると、その木の幹の体積を求めることができるし、これを積み重ねればひとつの林全体の値を知ることができる。また、この測定を定期的に繰り返すことによって、材積の成長の仕方なども知ることができ、計画的な森林の管理や将来の予測などにも役立てられる。

測樹の内容にはいろいろあって、われわれに都合のいいデータを与えてくれるが、ここでは最も基本となる一本の木の高さと太さを測って、その幹の体積（立木材積）を求める方法を示しておきたい。

一本の木の高さは、その根元から梢の先端までの長さで表すが、木の背丈が高くなるにしたがって専用の測定機器を用いないと正確な値は求めにくく、思いのほか面倒である。簡便な測り方としては、その林の中で抜き伐りしてもよさそうな大・中・小三本ぐらいの木を倒して、地上で直接測る。立木の高さはこうして倒した木の高さから推定する方法をしばしば用いている。木の高さは同じ林の中でもバラツキがあるので、長さの単位は一メートルおきで十分で、端数は四捨五入することでかまわない。

一方、木の太さは幹の上下で違うので、どこで測るかが決められている。「胸高直径《きょうこうちょっけい》」というのが基準になっており、地面から一二〇センチの高さで測った直径で表すこととしている。

樹高と同じように、ひとつの林の中では細いものから太いものまでかなりバラついているので、あまり細かい目盛りで測る必要はなく、次のような「二センチ括約《かつやく》」で十分とされている。二センチ括約とは、直径一センチ未満は「〇センチ」、一センチ以上三センチ未満は「二センチ」、三センチ以上五センチ未満は「四センチ」……九センチ以上一一センチ未満は「一〇センチ」……というように、二センチごとの中間の偶数の値で表すこととしている。

直径を測る器具としては、専門的には図9に示した「輪尺《りんじゃく》」というものが使われるが、普通では手に入らないので、われわれはこれに代わる簡便な「直径巻尺」を作って用いている。直径に円周率（三・一四倍）をかけると円周が求められることを利用して、胸高で木の周りの長

図9　輪尺

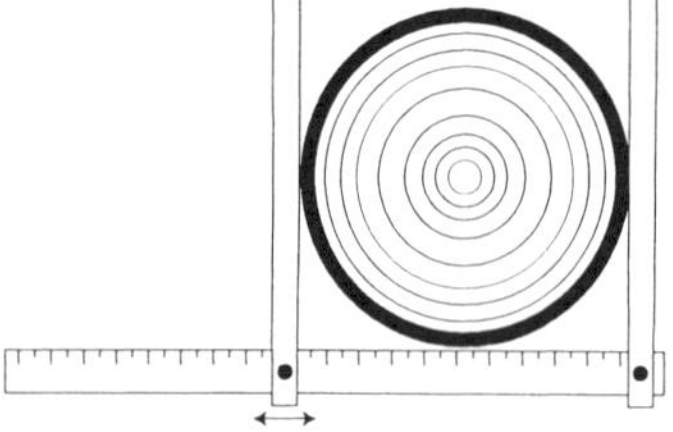

図10　直径巻尺

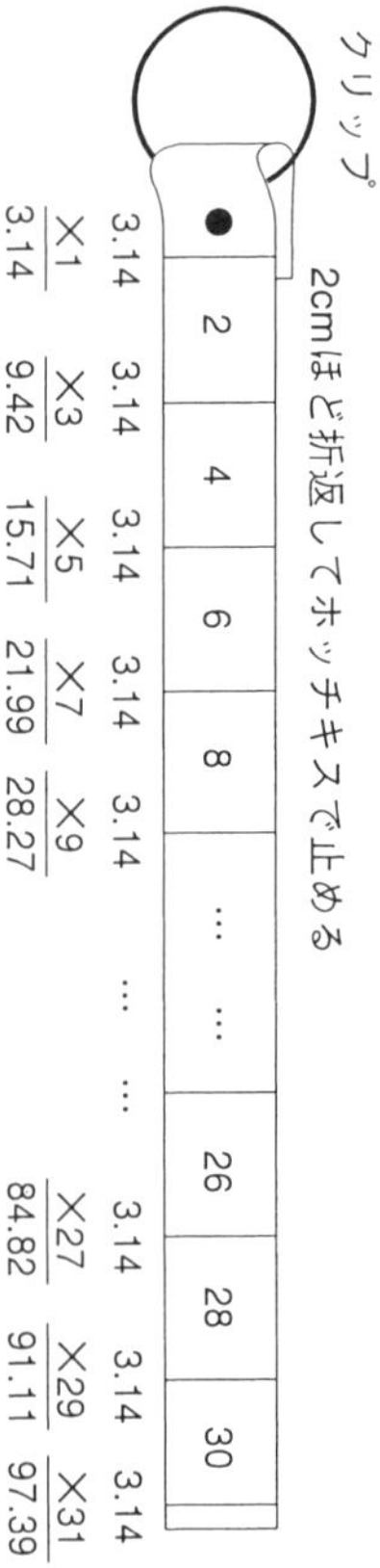

さを測り、この値を三・一四で割って逆に直径を求める。直径巻尺の目盛りは図10のようになっているので、図解で理解してほしい。

直径巻尺の作り方は、幅一・五センチぐらいで長さ一メートルのテープ（われわれは測量用の巻尺の不要になったものを切断して使っている）の端を二センチぐらい折り返してカードリングを図のように通してホチキスで止める。目盛りは折り返した端を〇として、円周率（三・一四）の一、三、五、七……二九、三一倍の値を予め求めておいて、その長さごとにテープにマジックインキで仕切線を引き、仕切線の中間に順次〇、二、四、六、八……二八、三〇の偶数を記入すれば完成する。

輪尺は幅の最大が決まっているから、それ以上太い木は測れないし、けっこうかさばるので持ち運びも不便だが、直径巻尺は胸ポケットにおさまるし、どんなに太い木でも尺取り虫のようにしていくらでも測れるという利点がある。ましてや廃物利用だ。

さて、木の高さと太さ（胸高直径）がわかると、予め作られている表4に示した「立木幹材積表」によって測定された立木の材積が求められる。林全体の立木の資料が集積されると、この林には何本の木が生えていて、どのくらいの材積があるのかがわかり、林を管理していくための基礎データが得られる。

次に、測量の技術が身につくと、対象とする山林の図面を作ることができ、境界線や地形、

表4　立木幹材積表（針葉樹・広葉樹共用）　　（単位m³）　　（林野弘済会『森林家必携』昭和44年改訂版より）
（本州各地のスギ、ヒノキ、カラマツ、広葉樹の立木幹材積表を参照して作ったものである。嶺一三）

樹高m 直径cm	4	5	6	7	8	9	10	11	12	13	14	15	16	17	18	19	20	21	22	23	24	25
2																						
4	4	5	6	007																		
6	7	9	11	012	013	15	017															
8	12	14	16	019	022	25	028	031	034	038												
10	18	21	24	028	033	37	042	046	051	055	060	0.06	0.07									
12	24	29	33	040	046	53	060	066	073	078	084	0.09	0.10	0.10								
14	32	38	44	052	060	70	080	088	097	105	114	0.12	0.12	0.13	0.14	0.15						
16		50	58	068	078	89	100	112	124	133	142	0.15	0.16	0.17	0.18	0.19	0.20	0.22	0.24			
18			72	084	096	110	125	138	152	163	174	0.18	0.19	0.21	0.23	0.24	0.25	0.27	0.29	0.30	0.32	
20				102	117	133	150	167	184	196	208	0.22	0.24	0.26	0.28	0.30	0.31	0.33	0.35	0.36	0.38	0.40
22					140	157	175	196	218	232	246	0.26	0.28	0.31	0.33	0.35	0.37	0.39	0.41	0.43	0.45	0.47
24						183	202	228	254	270	286	0.31	0.33	0.36	0.39	0.41	0.43	0.46	0.48	0.51	0.53	0.56
26						210	232	262	293	312	332	0.36	0.39	0.42	0.45	0.47	0.50	0.53	0.56	0.59	0.62	0.66
28							264	299	334	360	386	0.42	0.45	0.48	0.51	0.54	0.57	0.60	0.64	0.67	0.71	0.75
30							300	339	378	408	438	0.47	0.51	0.55	0.58	0.62	0.65	0.69	0.72	0.76	0.80	0.84
32								382	426	458	490	0.53	0.57	0.61	0.65	0.69	0.72	0.77	0.81	0.86	0.90	0.95
34								426	474	510	546	0.59	0.63	0.68	0.73	0.77	0.81	0.86	0.91	0.95	1.00	1.06
36									524	566	608	0.65	0.70	0.76	0.81	0.85	0.90	0.95	1.00	1.05	1.10	1.16
38									576	624	672	0.72	0.77	0.83	0.89	0.94	1.00	1.05	1.10	1.16	1.21	1.27
40										686	740	0.79	0.85	0.91	0.97	1.03	1.09	1.15	1.21	1.26	1.32	1.39
42										750	810	0.87	0.93	1.00	1.06	1.12	1.19	1.25	1.31	1.38	1.44	1.51
44											880	0.95	1.01	1.08	1.15	1.23	1.30	1.36	1.43	1.50	1.57	1.65
46												1.03	1.10	1.17	1.25	1.33	1.40	1.48	1.55	1.63	1.70	1.78
48														1.27	1.34	1.43	1.52	1.60	1.68	1.76	1.84	1.94
50																1.54	1.64	1.73	1.81	1.90	1.98	2.08
52																		1.84	1.93	2.03	2.13	2.24
54																				2.16	2.28	2.40

（注）表を圧縮するため、樹高14mまでは1,000倍した値が示してある。

例
4……0.004m³
12……0.012m³
58……0.058m³
007……0.007m³
013……0.013m³
184……0.184m³
880……0.880m³

面積などを明らかにすることができる。本格的な測量は専門家（測量士）に依頼することもできるが、日常的に山を管理していくためには、簡便な測量術を身につけておくことを勧めたい。

ここ二〇～三〇年来、森林所有者の山離れが続いてきたのは、所有森林と日常生活とのかかわりが薄れてきたためである。逆に森林所有者でない多くの国民が今日ほど森林の存在を通して水や緑、自然への関心を寄せた時代は過去になかったであろう。

樹木の種類が仕分けられるとか、簡便な方法で測量や測樹が行なえるということは、人間と自然との絆を深められるこのうえない術であるように思われる。

荒廃が募るばかりの日本の森林群の再生を図る手だては存外こんなところにあるように思えてならない。

林木の成長

木の幹の成長は、高さ（樹高）と太さ（直径）と体積（材積）の三つに代表される。なお、太さの成長は前述したように地上一・二メートルの高さの直径（胸高直径）による。これら三種の成長は年を経るにしたがって大きくなるが、その成長の仕方には次のような特性が見られる。

①樹高や直径、材積の成長の仕方は、いずれも図11の右図のように成長の初期は徐々に大きく

図11　林木の生長

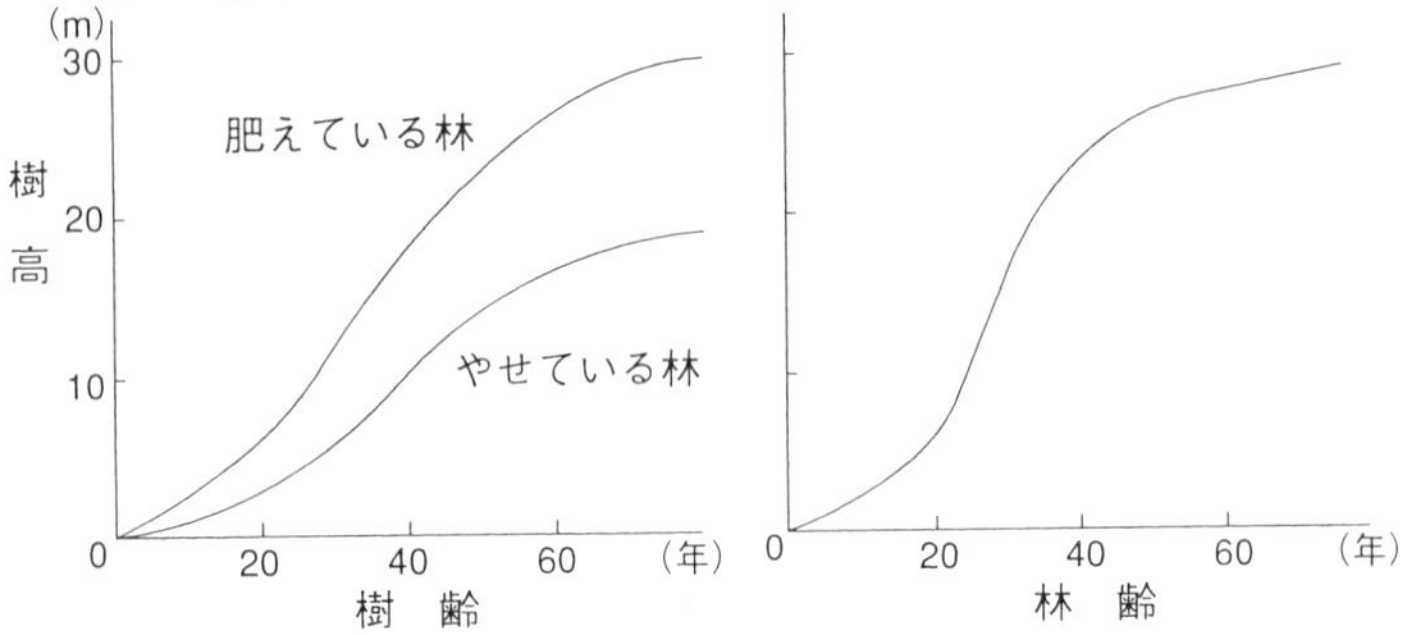

なり、中齢期に最盛を経た後、以降は次第に成長量を落としながら高齢化していく。

②樹高の成長経過は、林の混み具合（林分密度）や手入れ（主に間伐や枝打ち）の違いに影響されることはほとんどないが、その林地の肥沃度に左右されて図11のように、肥えている林地とやせている林地とでは、生育の初めから明らかな優劣が生じ、年を経るにしたがってその差は次第に開いていくのが普通である。この性質を利用すると、後で述べるようにある林の年齢と樹高がわかると、その林の成長の優劣（地位）が判定できたり、二〇年、三〇年先の樹高も推定することができる。

③直径の太り方は、林の混み具合や枝打ちの違いによる枝下高（一番下にある生きている枝までの高さ）の差が大きく影響し、枝下高が高くなるほど直径の成長量（年輪幅）は低下する。これは同じ高さの林木では、枝下高が高くなるほど同化物質を生産する枝葉の量が少なくなるためである。

樹高と直径の成長の仕方にはこのような違いがあるので、林の混み具合を調節することによって林木の幹の形（細長いかずんぐりむっくりか＝かんまん度）を変えることができる。林の密度をやや高く保って枝の枯れ上がりを高くすると幹は「かんまん」（細長く）になり、逆に密度を薄くして十分に枝葉を蓄えた林木の幹はやや「うらごけ」（ずんぐりむっくり）に仕立てられる。

こうしたかんまんの度合いをわかりやすく表すには、樹高が胸高直径の何倍ぐらいに相当するかという値（樹幹の形状比）が用いられている。例えば樹高が二〇メートルの木で直径が二〇センチであると、形状比は一〇〇倍であり、二五センチだと八〇倍ということになる。

この値が九〇～一〇〇倍を超えるような林木は林が混みすぎて下枝の枯れ上がりが樹高の七〇～八〇％以上にも及び、風や雪に対する抵抗力が著しく劣ってくる。健全で丈夫な森林を育てるためには、樹高が一二～一三メートルぐらいに達した頃からこの形状比を八〇倍前後以下に保つような混み具合の調整（間伐）を図らなければならない。

間伐が手遅れて、林全体の形状比が九〇～一〇〇倍以上（中には一三〇倍などという林もある）にもなってしまった林では、梢に付いている葉の量が著しく少なくなってしまうので、かなり強度な間伐を行なっても、残った木の太り方を促す効果はあまり期待できない場合が多い。

除伐の本来の意味

山の手入れ作業の中で「除伐《じょばつ》」は一般になじみの薄い作業であるように思われる。語源は外国のサルベージ・カッティング、すなわちお掃除伐からと解されるが、広辞苑によると「幼齢林の手入れの一。不用の樹木を伐り除くこと」と明解に書かれている。

ところが、戦後の拡大造林期を通して林業界では、除伐とは「目的外の樹種と目的の樹種であっても成長や形質が劣るものを除くこと」とやや意訳され、スギならスギ、ヒノキならヒノキというように目的樹種を限定して、その他の天然生の樹種、特に広葉樹類はすべて伐り除くこととした期間が長く続き、今日見られるような単一針葉樹のみの一斉大面積造林地が全国各地に広まってしまった。

極端な事例では、現場担当者が天然生の広葉樹の有用と思われるものを除伐作業に際して残しておいたところ、補助金支給の要件に沿わないからとの検査官の指示で、改めてこれらの保残木を伐り除かされたケースもある。

私が現職中の昭和五〇年頃、当時一五年生前後のカラマツ一斉造林地での除伐に際して、前生の広葉樹のぼう芽や実生で生えていたミズナラ、ダケカンバ、ブナ、イタヤカエデ、カツラ、サワグルミ、シナノキの七種を指定して、混交・保存することとしたことがある。ところが、植林直後に施されてきた下刈りの際に再三にわたり刈り払われていたことや、カラマツの樹高がすでに一〇メートルを超えていて、下生えのこれら樹種の樹勢が衰えていたことなどが重なって、現在混交状を呈している林相はわずか一～二割にとどまり、大部分は外見上カラマツの一斉林となってしまっている。混交林をつくることの難しさをしみじみ感じているところだ。

こうした反省から最近は下刈りを委託された段階から、植栽樹種と交じって生えている天然生の樹種のなかから、当該林地に残しておきたいものは極力選んで刈り取らないように心がけている。このような手だてを付け加えることによって、広辞苑による除伐の解釈はより一層理解されやすいように思われる。

おそらく一ヘクタールに主要な樹木以外には二～三種類ぐらい残せばいいわけで、それだけでもずいぶんと豊かな山になる。これが今旗を振って提唱されている混交林ということになる。例えば、「この山では私は主にスギを植え、もともとここに育っていたミズメとカツラとセンノキを残します」というように最初に約束して実行してもらえばいい。補助金の要件に沿ってきちんと手入れがされているかどうかは調べればすぐわかることだ。

これまでの除伐の定義でいけば、拡大造林した林に目的樹種以外が生えないなどということはありえないから、どうしても除伐をしなければならなかった。前述の高密度管理にはこの除伐にも省エネルギー、省コストが求められる。密植することで混んだ林の中には光が入りにくいから、地表に下ばえが育ちにくい。だから下刈りや除伐をしなくてもいい――。こういうさまざまな意図で高密度管理がもてはやされたいきさつもある。

しかし、普通の密度管理でいけば、逆に下ばえは山にとって必要なわけで、それは山そのものの健全さ、生物層の豊かさを示している。これからの山造りは下ばえが共存できるような取扱い方が望ましい。

そういう意味では人が植えた人工林というのは、やりさえすれば管理はしやすいもので、すでにさまざまな手法は提示されてきている。

これが天然生林となると話は違ってくる。自然に再生してきた天然生林にどんな手入れをするとどうなるかということは研究が積み重ねられている段階で、経験も乏しい。そして、現実に天然生林は規模でいえば拡大人工林と同じぐらいある。これをどうするかはこれからの大きな課題である。

枝打ち

林木の枝打ちには二つの大きな目的がある。林木が成長していくためには、緑の葉をつけた生きた枝（生枝《なまえだ》）の存在が不可欠で、個々の林木の成長は生枝の量の多少によって大きく左右される。しかし、先にも述べたように、生枝の多少は樹高の成長にはほとんど関係せず、大きな影響を受けるのはもっぱら直径の肥大成長である。

すなわち、生枝の量が多くても少なくても樹高はほぼ一定の成長経過をたどるが、直径成長（幹の太り方）は生枝が多いほど年輪幅が広く、したがって太り方が早い。逆に、生枝が少なくなるほど年輪幅が狭くなり、太り方が遅くなる。こうした成長の様子を模式的に描くと図12のようになる。生枝の量が違っても樹高成長はほとんど変わらないが、幹の太り方は大きく違うことが読みとれよう。

生枝がついている部分の幹の太り方は、生枝の多少にあまり影響されないが、地面から一番下の生枝までの高さで表される枝下高が大きくなるほど生枝から下の幹の形はかんまん（細長）になり、逆に枝下高が小さくなると幹の形はうらごけ（ずんぐりむっくり）になる。

こうした幹の形の違いは、人為的に生枝を切

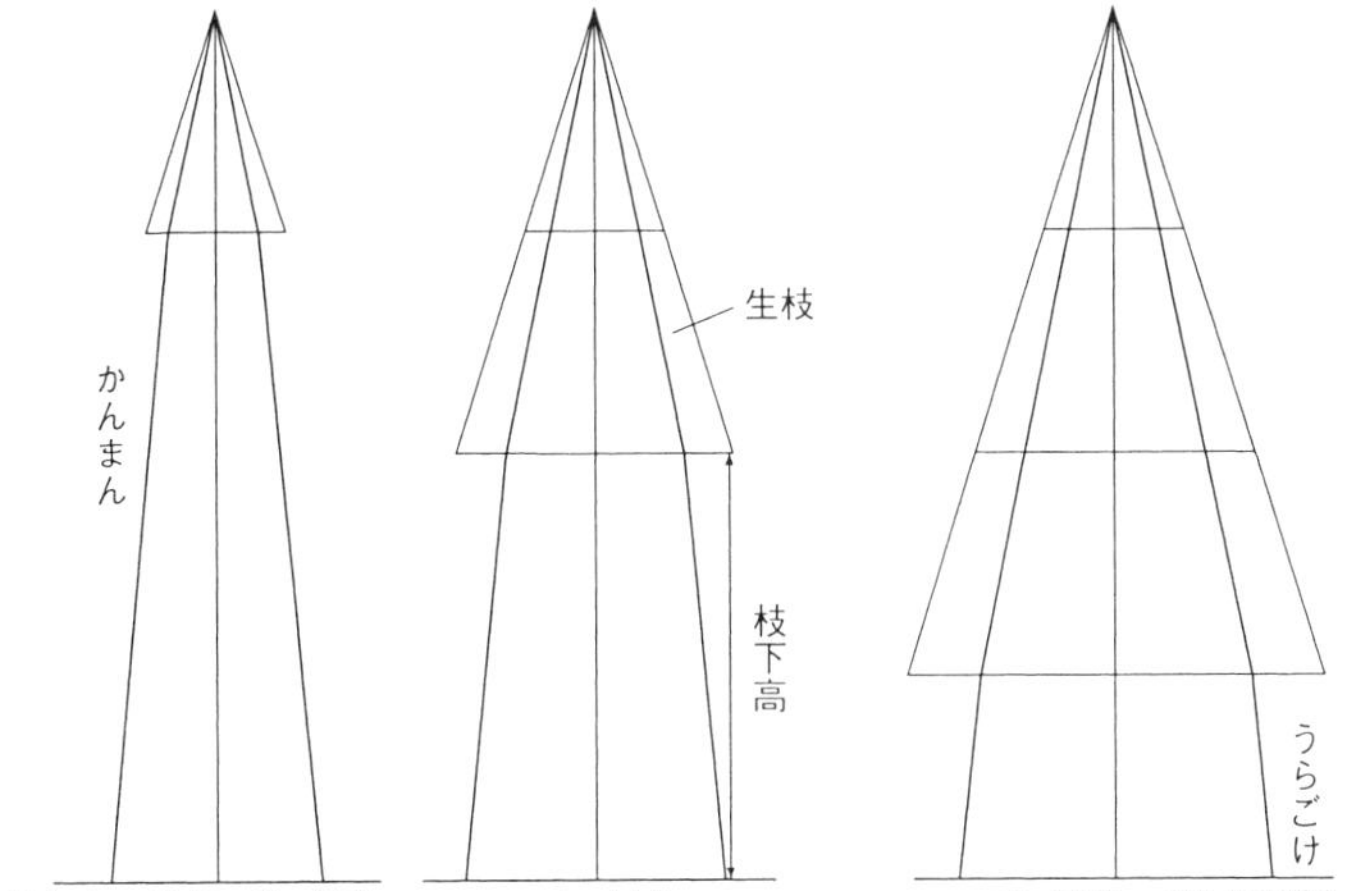

図12　生枝の量のちがいによる幹の形の変化

り除く、いわゆる枝打ちの高さの違いによる場合と、林の混み具合の違いによって生じる下枝の枯れ上がりの高さの違いによる場合とがある。

枝打ちの目的のひとつは、こうした現象を利用して林分密度の調整や生枝打ちの程度の差によって幹の形をコントロールしようとする作業で、歴史の古い先進林業地ではそれぞれ独特の枝打ち技術によって特徴ある生産材を供給してきた。

代表的な生産材としては、京都北山スギによる磨き丸太（かんまん材）、宮崎県おびスギによる木船用の弁甲材（うらごけ材）、奈良県吉野地方やその他先進林業地における一般優良材（多品目）などがあげられる。

一方、もうひとつの枝打ちの重要な目的は、製材品の表面に節の傷跡を出さない工夫である。林木は梢端の髄《ずい》（幹の中心部）から側枝が発生し、樹高の成長に伴って側枝も年輪を刻み林木の成長を司りながら伸長してゆく。したがって、林木の幹を髄に沿って縦割りすると必ず枝の傷跡が現れ、これを節と呼んでいる。したがって、節がまったくない木材は存在しないが、次のような工夫によって節の傷跡を材の内部に封じ込めることができる。

自然的には、林木が混み合って陽光が林内に届かなくなると下枝は順次枯死して枯れ上がっていく。こうした枯れ枝が長年にわたって付着したままだと、幹の肥大成長に伴って樹幹の年輪に包み込まれながら、いわゆる〝死節《しにぶし》〟の傷跡が残り、製材品の表面に現れて、材の強度や見た目の品質を損ねる（薄板に製材された場合には、材の組織がつながっていないため節が抜けていわゆる節穴《ふしあな》となる）。

一方、枯れ枝が腐朽して脱落したり、人為的に切り落とすと、幹の肥大成長に伴って節の傷跡は年輪の中に封じ込まれ、数年後には材面には節の傷跡が現れなくなる。こうした外周部を〝無節材〟と称している。この節の傷跡をできるだけ小径のうちに人為的に封じ込めるための工夫が本格的な枝打ちの技術である。

その技術は材面に出る節を嫌う小径の磨き丸太（主に床柱、けた丸太、タルキなどに使われる）や柱材生産に採り入れられ、こうした高品質材の生産を目的とする場合には欠くことのできない作業となっている。

具体的には、一〇・五センチ角あるいは一二センチ角の無節の柱材生産を目標とする場合には、図13の模式図に示したように、次の手順で枝打ち（主に生枝打ちとするが、下枝が枯れ上がっている場合は枯れ枝打ちとなる）を繰り返す。

一、第一回目は、根元の直径が八センチぐらいになるのを待って、樹幹の上部直径六センチぐらいの高さまで枝打ちする（根元の直径があまり細いうちに枝打ちすると幹曲がりを生じやすい）。

二、第二回目は、第一回に打ち上げた上部の直径が八センチぐらいになるのを見計らって、さらにその上部の直径六センチぐらいの高さまで枝打ちする。
三、第三回目以降は同様な作業を繰り返す。
最終的な枝打ちの高さは、生産材の用途によって異なる。普通には長さ三～四メートルの柱材、四～六メートルの各種造作材（建築用）が中心と考えられるので、最低は三メートル柱材一丁取りから、四～六メートル造作材一丁取りが可能な高さまでであるが、できればこれらの材が二～三丁取れる高さとすると、地上一〇～一二メートルぐらいの高さまで打ち上げられればほぼ十分と考えられる。

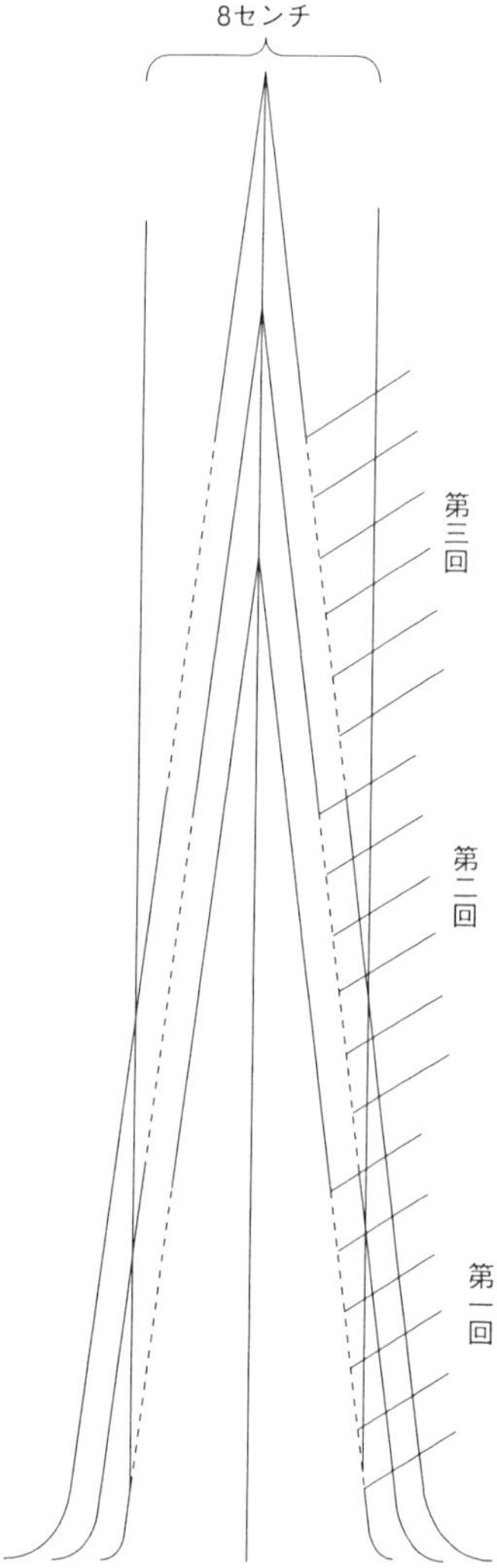

図13　枝打ちの手順

ちなみに一本の立木から取れる丸太のうち良質な元玉（根元に最も近い部位から取った丸太）一丁の価格が全体の四〇～五〇％以上を占めるため、特に元玉の枝打ちには留意したい。

また、製材面における節の有無は材価に大きく影響し、ヒノキの柱材を例にとると、四面に節が現れる並材と比べて、一面無節材（四面のうち一面だけに節が現れていない材）、二面、三面、四面無節材へとランクが上がるごとに材価は一・三～一・五倍ほどはね上がるため、適期を見計らって正しい枝打ちを施したいものである。

なお、枝打ちの用具（ノコギリやナタ）や枝の打ち方については、各地で行なわれる研修会などに参加して、正しい学習をすることが望まれる。

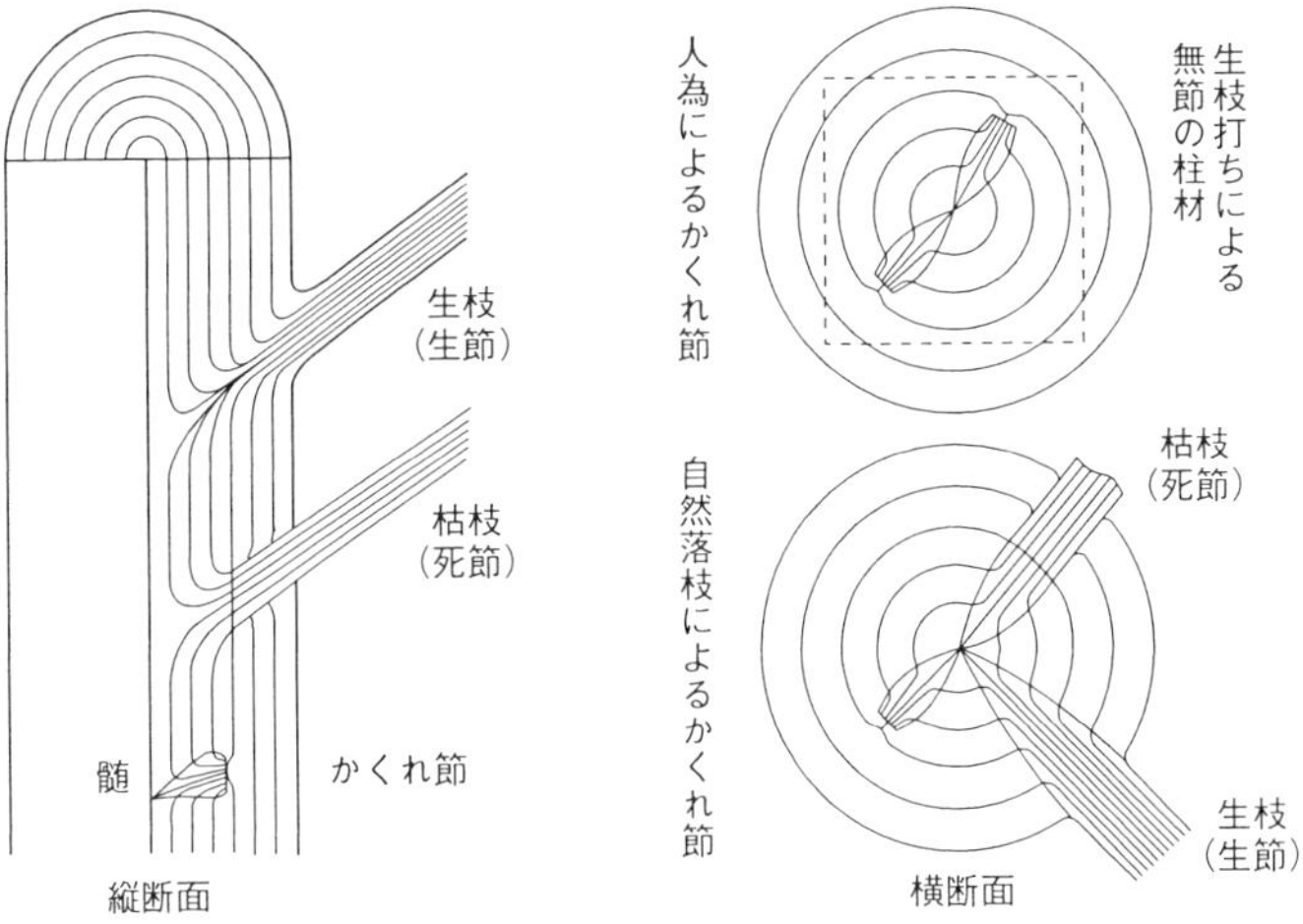

図14　樹幹内部の節のいろいろ

密度の基準は「高さの二〇％」

人間や動物などでは、ある区画の中の人数や頭数が多くなるほど「混み合ってきた」と言われるが、森林の場合はちょっと違っている。人工林を例にとると、植林されてから活着が悪くて枯れたり、下刈りの際誤って刈られたり、またその後の除伐や間伐によって人為的に抜き伐りされて、年を経るにつれてかなり大幅に立木の本数は減ってくるにもかかわらず、「林が混んできた」とか「林分密度が高くなってきた」などと言われる。

これは人間や動物などと比べて木の高さが著しく高くなることに関係し、立木の間の平均的な間隔（平均樹間距離）に対して木の高さがある限度以上に高くなると「林が混んできた」と感じるためで、いわゆる相対的な密度を表している。

一般にわれわれが「適当だな」と感じる混み具合は、林の梢の高さ（上層樹高）に対して平均樹間距離の割合が二〇％（あるいは高さの五分の一）前後に管理されている場合である。例えば樹高が一五メートルで間隔が三メートル、二〇メートルで四メートル、二五メートルで五メートルぐらいである。この割合が一六～一七％に低下すると「やや混みすぎ」、一四～一五％程度以下になると「著しく混みすぎ」と感じる。逆に二二～二三％以上になると「疎らな林」と感じる。

なお、この相対的な値は相対幹距比（略号Sr）と呼ばれ、Srが二〇％前後で管理されてきた林では、自然的な下枝の枯れ上がりは樹高の五〇～六〇％程度であり、また樹幹の形状比も八〇倍前後であることが多く、したがって幹の太りもよく、健全な林相を呈する。

山の現状やその背景についてはすでに述べてきたが、その打開策はそう難しいことではない。要は「すかしてやればいい」のだが、その具体的な方策について私なりの考え方を示しておきたい。

いまは樹種と年齢が一律の一斉林が多い。昔のような原生的な林の場合は、自然な形で混交であったり複層であったりして、植生はお互いの競争と共存を繰り返しながら成り立っていくが、同じ年齢、同じ樹種の一斉林だと、一定程度は人間の干渉を施さないと健全な林には仕立てられない。

木の成長には、高さが高くなるのと太さが太くなるという二つの成長がある。高さの成長は密度が高くても低くても変わらないが、土地が肥えているか痩せているかによって影響される。

一方、太さは密度に影響され、密度が高い場合には全体の平均直径は細いし、密度が低ければ低いほど木は太る。太さは何によって規定されるかといえば、個々の樹冠（クローネ）が大きければ同化作用がたくさん行なわれ、これが蓄積されて太れる。密度が高いと林全体の下枝が枯れ上がるので、一本ごとの葉の量が少なくなるから年輪の幅が狭くなり、したがって太り方が遅い。

逆に密度が低くて枝葉の量が多いと、同化物質も多く年輪も幅が広がる。したがって太る。

山を健全にするためには、こうした密度管理の調整が大切である。密度調節にはいろいろ方法論があるが、「成長形質の悪いものからだんだん抜いていって、最後に残る林木の成長形質を向上させていい林に仕立てていこう」というのがオーソドックスな密度管理である。

現実には、密度管理が手遅れて著しく密度の高い林ができているので、だんだん抜いていくというのでは間に合わない。一度も抜き伐りしてないような林ができてしまっているときに、だんだん抜くという方法論自体が非現実的になっている。

高密度な今の林はどうしたらいいか、いろいろ検討した末、高さの二〇％ぐらい木と木の間隔をあけるという基準を打ち出した。林がすいていれば木と木の間隔がある。高さの二〇％ぐらい木と木の間隔があるような林は、感覚的にもよく手の入った山だと感じる。

誰が見てもそこそこの密度だなと感じるのは、ちょうど高さの二〇％ぐらいだ。難しい論理はいろいろあるが、結果はだいたい同じようになる。高さの二〇％ぐらい木と木の間をあければ、山は最低限健全になる。特に今は手遅れな状況なだけに、これが有効かつわかりやすいと考えられるので、あちこちで勧めている。

日本の森林の維持管理の指針には、明治時代から先人がたくさんのデータを集めてつくってきた「林分収穫表」というものがある（表5）。いろいろな樹種についていくつも作られている。

この表は、国内の気候風土の似かよった地域別に作られており、その地方の地位（土地の肥沃度）について上、中、下の三段階、あるいは五段階に分け、地位の良し悪しを勘案した規範的な育林の指針が示されている。

データで見ると、地位のいいところは初めから成長が良くて最後までいい。逆に地位の劣るところはその逆になる。

収穫表を育林の指針とする場合は、林齢と樹高とによって地位を調べて「ああ、ここの土地は三段階の上だな」とか「中だな」と読んで、表の中の諸数値を参考に施業計画を立てる。カラマツだけが五段階に分かれており、これは北海道でも同様だ。

昔は、黙っていても抜きたがった。抜いてお金にしたい、使いたいという時代があった。それが昭和四〇年半ば頃までは続いた。抜き伐りするなと言っても若いうちからいろいろな使い道があって抜き伐りされてしまうので、逆に「これ以上すかしてはいけない」という指針にも使われていた。すなわち上限としても使われていたわけだ。

しかし、その後密植とか高密度管理がいいという時代を迎え、また間伐材の需要も低下して、この収穫表が密度管理の指針としてほとんど使われなくなってしまった。今は、ほとんどの人がこれを知らない。

これらの収穫表はそれぞれの地位ごとに、高さによって一ヘクタール当たりの生立本数が決

表5　林分収穫表（主に長野県下に適用されるもの）

（207Ｐまで林野弘済会『森林家必携』昭和44年改訂版より）

愛知・岐阜地方スギ林　　林野庁（名古屋営林局）昭和34年

地位	林齢（年）	主林木 平均樹高（m）	主林木 平均直径（cm）	主林木 1ha当たり 本数	主林木 1ha当たり 幹材積（㎥）	副林木 1ha当たり 本数	副林木 1ha当たり 幹材積（㎥）
上	10	4.7	5.6	3,000	24.2	—	—
	15	8.0	10.0	1,810	95.9	190	23.8
	20	11.3	14.5	1,364	185.1	446	26.8
	25	14.3	18.4	1,100	273.2	264	29.0
	30	17.0	21.9	917	357.8	183	29.3
	35	19.4	25.0	793	428.6	124	27.3
	40	21.6	27.8	702	489.0	91	26.4
	50	25.3	32.6	583	587.5	51	21.4
	60	28.3	36.5	514	665.8	30	16.5
中	10	3.9	4.9	3,000	17.6	—	—
	15	6.7	8.6	1,970	67.9	1,030	10.3
	20	9.4	12.2	1,530	133.7	440	13.2
	25	11.9	15.5	1,250	202.7	280	16.8
	30	14.2	18.6	1,057	270.8	193	17.4
	35	16.2	21.4	923	328.0	134	17.4
	40	18.0	23.9	826	373.8	97	15.5
	50	21.1	28.1	697	452.0	56	14.0
	60	23.6	31.5	619	512.4	34	11.2
下	10	3.1	4.0	3,000	9.4	—	—
	15	5.4	6.9	2,144	40.9	856	5.1
	20	7.5	9.7	1,710	86.4	434	4.3
	25	9.5	12.6	1,418	134.1	292	8.8
	30	11.4	15.3	1,215	180.7	203	10.2
	35	13.0	17.7	1,071	226.0	144	10.1
	40	14.4	19.8	967	262.6	104	9.4
	50	16.9	23.5	827	320.2	62	8.7
	60	18.9	26.5	737	364.2	40	7.6

関東地方ヒノキ林　　林業試験場（大友栄松、西谷和雄、真辺昭、川端幸蔵）昭和36年

地位	林齢(年)	主林木 平均樹高(m)	主林木 平均直径(cm)	主林木 1ha当たり 本数	主林木 1ha当たり 幹材積(㎥)	副林木 1ha当たり 本数	副林木 1ha当たり 幹材積(㎥)
上	10	5.5	5.8	3,436	40.2	—	—
	15	8.2	9.6	2,593	92.3	843	10.6
	20	10.2	12.4	2,040	140.4	553	22.6
	25	11.7	14.7	1,684	184.8	356	36.9
	30	13.3	17.0	1,406	225.1	278	41.3
	35	14.7	19.1	1,176	260.0	230	40.3
	40	16.2	21.2	990	290.7	186	34.3
	50	18.9	25.2	717	342.7	125	25.0
	60	21.7	29.2	528	384.4	86	17.6
中	10	4.3	5.0	3,650	30.3	—	—
	15	6.7	8.0	2,947	64.6	703	7.5
	20	8.4	10.5	2,389	101.4	558	15.5
	25	9.7	12.6	2,007	135.6	382	26.4
	30	11.0	14.4	1,712	166.8	295	31.7
	35	12.1	16.2	1,465	194.6	247	33.2
	40	13.2	17.9	1,251	219.4	214	31.1
	50	15.2	21.4	927	261.1	148	23.7
	60	17.0	24.9	707	294.0	99	16.4
下	10	3.1	4.3	3,820	23.2	—	—
	15	5.2	6.7	3,249	44.2	571	3.4
	20	6.6	8.7	2,756	67.4	493	9.3
	25	7.7	10.4	2,402	92.5	354	13.7
	30	8.8	11.9	2,133	116.7	269	18.3
	35	9.5	13.2	1,917	138.8	216	21.2
	40	10.3	14.4	1,738	158.6	179	21.9
	50	11.5	16.5	1,454	190.2	129	18.7
	60	12.3	18.2	1,245	210.0	98	15.0

長野・新潟県地方アカマツ林　　林業試験場（麻生誠）昭和24年

地位	林齢（年）	主林木 平均樹高（m）	平均直径（cm）	1ha当たり 本数	幹材積（㎥）	副林木 1ha当たり 本数	幹材積（㎥）
上	10	—	—	—	—	—	—
	15	8.5	9.3	2,579	77.0	—	—
	20	12.0	13.0	1,552	139.0	1,027	40.4
	25	15.1	16.6	1,095	198.5	457	40.8
	30	17.6	20.0	842	251.7	253	39.7
	35	20.0	23.2	683	298.9	159	38.1
	40	21.6	26.1	574	340.2	109	36.3
	50	24.4	31.6	437	410.0	59	32.2
	60	26.4	36.5	355	465.4	37	28.8
中	10	—	—	—	—	—	—
	15	7.3	8.5	2,957	74.5	—	—
	20	10.3	11.9	1,769	120.3	1,185	37.8
	25	12.9	15.1	1,252	165.6	517	34.2
	30	15.1	18.1	969	206.2	283	31.7
	35	16.9	20.9	791	242.2	178	29.7
	40	18.4	23.4	671	273.9	120	27.4
	50	20.8	28.1	518	326.8	66	23.7
	60	22.5	32.1	427	368.8	40	20.4
下	10	—	—	—	—	—	—
	15	6.2	8.0	3,285	65.5	—	—
	20	8.8	11.1	1,957	104.2	1,328	26.5
	25	11.0	14.0	1,397	142.9	560	27.0
	30	12.8	16.6	1,092	177.2	305	25.6
	35	14.4	19.0	904	207.9	188	23.4
	40	15.7	21.1	777	232.9	127	21.3
	50	17.8	24.9	617	275.2	69	17.8
	60	19.2	27.9	522	308.0	42	14.5

信州地方カラマツ林　　林業試験場（嶺一三）昭和31年

地位	林齢(年)	主林木 平均樹高(m)	平均直径(cm)	1ha当たり 本数	幹材積(m³)	副林木 1ha当たり 本数	幹材積(m³)
特I	10	8.4	9.6	1,390	45.8	810	11.1
	15	12.5	15.3	1,040	120.0	350	18.2
	20	16.3	19.0	796	187.0	244	31.5
	25	19.0	21.9	632	225.8	164	35.1
	30	21.5	24.7	514	256.7	118	37.1
	35	23.6	27.5	429	286.0	85	37.4
	40	25.4	30.2	362	311.1	67	39.1
	50	28.2	35.2	274	353.3	38	35.1
	60	29.5	39.6	226	383.6	20	25.8
I	10	7.1	8.0	1,590	30.0	610	5.5
	15	10.8	13.2	1,190	93.7	400	14.4
	20	14.3	16.9	933	153.8	257	23.4
	25	16.7	19.4	752	188.6	181	27.3
	30	18.9	21.8	621	216.9	131	28.7
	35	20.7	24.2	523	242.0	98	30.0
	40	22.4	26.6	447	265.2	76	30.6
	50	24.8	31.0	342	301.8	47	29.7
	60	26.1	34.9	280	329.3	26	23.2
II	10	5.8	6.4	1,780	18.3	420	2.2
	15	9.1	11.4	1,400	70.5	380	8.7
	20	12.2	15.0	1,111	121.1	289	17.3
	25	14.4	17.1	903	151.7	208	21.0
	30	16.3	19.1	750	177.0	153	22.6
	35	17.9	21.1	635	200.0	115	23.9
	40	19.3	23.1	546	221.0	88	24.5
	50	21.5	26.9	422	251.9	55	23.4
	60	22.8	30.2	348	276.0	32	19.3
III	10	4.6	4.9	2,000	10.2	200	—
	15	7.6	9.6	1,647	49.7	353	4.9
	20	10.3	13.0	1,323	90.2	324	12.0
	25	12.1	14.8	1,084	120.0	239	16.0
	30	13.7	16.6	907	142.9	177	17.7
	35	15.0	18.4	771	162.4	136	18.9
	40	16.2	20.2	669	180.3	102	18.8
	50	18.2	23.5	520	207.3	65	18.7
	60	19.4	26.4	429	227.9	39	15.8
IV	10	3.3	3.4	2,100	5.0	100	—
	15	6.2	7.9	1,830	26.0	370	2.6
	20	8.3	11.0	1,531	55.0	299	6.0
	25	9.9	12.6	1,306	78.4	225	8.1
	30	11.1	14.2	1,119	98.1	187	10.3
	35	12.2	15.8	964	114.9	155	12.6
	40	13.2	17.4	839	131.1	125	13.1
	50	14.8	20.2	659	155.0	79	13.4
	60	16.1	22.7	547	172.6	53	12.7

められている。それを高さを関数にして生立本数から求めた木と木の間隔との比は、ほとんどが高さの二〇％前後になるように昔の収穫表もできている。

ヒノキだと一七～一八％ぐらい、スギだと一八～二〇％、アカマツとカラマツは二〇～二三％ぐらいと樹種によって格差がつけられていた。昔の人たちが実際の山を数多く調べて、樹種ごとに健全な林を造ることができる立派な指針をつくってくれてあったわけだ。

その後、昭和四〇年前後頃に密度管理図と呼ばれる理論的で緻密な指針が出てきて、立木の密度が混んでいるほど材積が多いなどという新しい見解も発表された。これらが理論化されて林は混んでいてもいいとか、材積収穫量も多いとかいう論調に傾いた。山造りというよりも、拡大造林して森林資源を培養していくときの物量的な意味合いが強調されて、収穫表が無視されるような形になった。

しかし、密度管理図など新しい指標も含めていろいろ整理してみると、理想的な林分密度というのは、高さの二〇％前後という単純な指針が得られる。

今、これだけ森林の手入れが手遅れのときに、あまり緻密な基準を示すよりも、「木と木の間隔を高さの二〇％ぐらいになるように本数を落とせば適正な林になるんですよ」と指針を示してあげれば理解しやすいのではないかと思う。これは格別に私が考えたのではなく、今までのいろいろな指針を整理してみると、結果としてこうなっている。

最近の林業関係者や指導者は、なかなかこうズバッと言わない。一見、乱暴な指針のようだが、実践のなかでも十分に通用すると確信を得ている。

列状間伐

昭和四〇年代は日本林業が変質するときだったように思われる。その頃ちょうど信州大学に面積二二〇ヘクタールほどの手良沢山演習林が新設された。そのなかにはカラマツとアカマツの植林直後の造林地がそれぞれ五〇ヘクタールぐらいずつ含まれていて、私がこの管理にあたるようになった。演習林が設置された喜びの一方で、一団地一〇〇ヘクタールの新植地を目の前にしたとき、手薄な職員でこの造林地を維持管理することになって「これはエライことになったな」と鳥肌が立つような危惧におそわれた。

昭和四三年夏以来、植林した後の下刈りを数年間にわたって演習林の技官さんたちがやるのだが、臨時職員も含めて八人ほどで毎日草刈りの単純な作業をお願いしなければならなかった。自分は指示するだけだが、まことに単純で体にはキツイ作業。それをひと夏一〇〇日近くを費やしてひたすらやってもらうのは辛いものだった。

すでに四〇年代に入って労働力が都市部にどんどん流れていって、山で働く人手が急速に減り始めた頃だった。

演習林の下刈りだけでもこれはエライことになったと思ったのに、たまたま県下のカラマツ林を見て回ったとき「これは…」と思った。拡大造林期を通して長野県はカラマツが一斉造林の主要樹種に選ばれ、毎年一万ヘクタール前後も植えられてきており、その多くがすでに間伐期にさしかかっていた。私は農林専門学校を卒業後、県森連に就職したり林業改良指導員をやったりして、実際に戦後の森林計画や植林指導をしてきた経験もあったので、いかに植えてしまってきたかを実感していた。

大学に戻って、演習林で現場の仕事を担当するようになって、「拡大人工林の維持管理を果たしていくことは、尋常な対応では済まされないのではないか」と痛烈に感じ始めた頃であった。たかだか一〇〇ヘクタールほどの下刈り自体がものすごい負担になってしまっているのに、次にやってくる間伐期はもっと労力がいることが目に見えてきた。それなのに、その当時でさえ労働力はどんどん都会に流失していなくなっている。大面積造林地の手入れは大変なことになってきたなと実感していった。

そして、いつかやってくる間伐の必要な時には何とか合目的的で、省力的な間伐をやらなければ不可能だと感じていた。

たまたま昭和四五年、県下高遠町の県行造林地で二〇年生前後のカラマツ林四〇ヘクタールの間伐設計を依頼されていろいろ検討の末、初めて列状に間伐する方式を提案した。それ以前に県下佐久地方で、首都圏を中心に港湾の埋め立てや宅地造成等の公共事業に使われていた大量の土木用材（杭丸太やバタ角材など）の供給を目的に生産されていた間伐材をブルドーザーにウインチをつけて適宜列状に伐って引っ張り出すのを見たのがヒントになって列状間伐を発想した。

岩手県下で行なわれた事例では、一〇列のうち一列を伐って、その一列を搬出路に使うという方式であったが、これを応用して最初は三列残して一列伐る方法（三残一伐方式）を考えた。これは、次に抜くときは残された三列の真ん中の列を抜けば結果として一列おきの林になって、全体としてバランスよく抜けるかなと考えた。

しかし、広大なカラマツ林を対象とすると次回の間伐が果たしていつできるかどうかが危惧され、これではまだ省力化にはならないと考えて、二列残して一列を伐るという方式（二残一伐方式）に落ち着いた。

二列残した木々は互いの接する面は枝葉が混んでいて枯れ上がりが進むが、左右いずれかの片側は伐り抜かれているので、そちら側に光が入ることで下枝の枯れ上がりは緩和され、成長はそれほど阻害されないだろうと考えた。

実際これでやったときはちょうど列島改造のまっただ中で、土木用材を中心に二〇年生ぐらいの細い材も飛ぶような需要があった時代だったから、伐って出すはじから道下で待機していたトラックが水もしたたるような伐りたての材をどんどん運んでいってくれた。ちなみに、この事業は昭和四六年の九月から三カ月間で四〇ヘクタールの間伐を済ませ、伐採本数三万二〇〇〇本、収穫材積七五〇立方メートル、総事業費四五〇万円、売払い収入六六〇万円の実績を収めることができた。

仕事をするときにこうした需要があるというのがどれだけ励みになるか、というのもこのとき強く感じた。ただ伐っているというのではなく、社会で必要としている材を供給しながら山造りも果たしている、という気持ちが励みになっていたのである。

当時、二〇年生前後のカラマツ林はまだ高さが一二～一三メートルしかなかったから、機械的に二列残して一列を間伐してしまうという方式でやると、列間の距離は四メートルほどもあいてしまう。つまり林地の三分の一も間隔があくことになり、間伐の直後には著しくオーバーに感じる列状の空間が目立った。しかし、ある区画の間伐をやっても、全体の対象面積が広大であると、最低でも一〇年～一五年ぐらいたたないと、最初に間伐した所には戻ってこれない状況に置かれていたから、やはりその間待てるだけの量を伐ってしまった方がよいと考えた。

本来ならば、実験を経てこれなら大丈夫だと確信をもってからやりたかったが、五年、一〇年とは待てない状況下に置かれていたので、樹高や枝の成長予測などの吟味を経て、思い切って実行に踏み切ることとした。県行造林の担当者からも、「是非そのやり方でやってくれ」と了解が得られた。

五人ずつの作業班三組の協力を得て実行したが、この列状に間伐するという作業がいかに効率的で楽かもよくわかった。

しかし、施業の直後から「伐りすぎだ」「山荒らしだ」とかなり強い批判の声も聞かれた。数年おきに徐々に成長形質の劣るものから抜き伐りしていくいわゆるオーソドックスな間伐方式が主流であったこともあり、地元の営林局には私のやり方はまったく同意が得られなかった。

事前の検討で、新しいカラマツ林の間伐方式として、また間伐材の効率的な伐出手段としても十分に対応しうる方策と考えてきたが、周囲からの厳しい評価に対しては、ある種の緊張感を抱きながら、間伐跡の追跡調査によってその成果を見守ることとした。

そうした過程で唯一気がかりだったのは、「列状間伐をすると、残された列のほとんどの立木は片枝になるから樹幹の年輪が偏倚《へんい》成長（図15）してしまうのでは」と言われたことだった。枝葉が片側に偏って成長するわけだから、言われてみると「そうかな」と思った。

しかしその後、二年間かけて調べた結果では、年輪が偏るのは枝葉の偏りの影響でないことがわかった。東西南北それぞれに枝の偏った木を数多く調べたが、もしこの論でいけば木が立っている位置によって枝の偏りが変わるはずだ。ところが、枝の偏りにかかわらず、同じ林分ではある一定の方向だけに偏倚成長が見られることが確かめられた。結論としては、これは春から秋にかけての成長期間を通しての常風の風下側に年輪が偏ることが継続的な調査でわかった。

当時、いろいろな非難はあったが、その後一〇年間の追跡調査を経て将来的には従来の方式によった場合と比べて、ほとんど見劣りしない林分に仕立てられることを実証することができた。

理屈としてはこうなる。一ヘクタール当たり三〇〇〇本植えたとして、二〇年ぐらいまでに自然減などで立木の本数はだいたい二四〇〇本ぐらいになっている。この段階では高さは一二～一三メートルほどでやや過密の状態になり始め、下枝の枯れ上がりも樹高の三分の一ぐらいまで進んでくる。

仮に、二四〇〇本として、二列残して一列伐るということは、一六〇〇本が残っていることになる。伐るのは八〇〇本。その中には形質のいい材も確かに交じっているが、最終の収穫時に

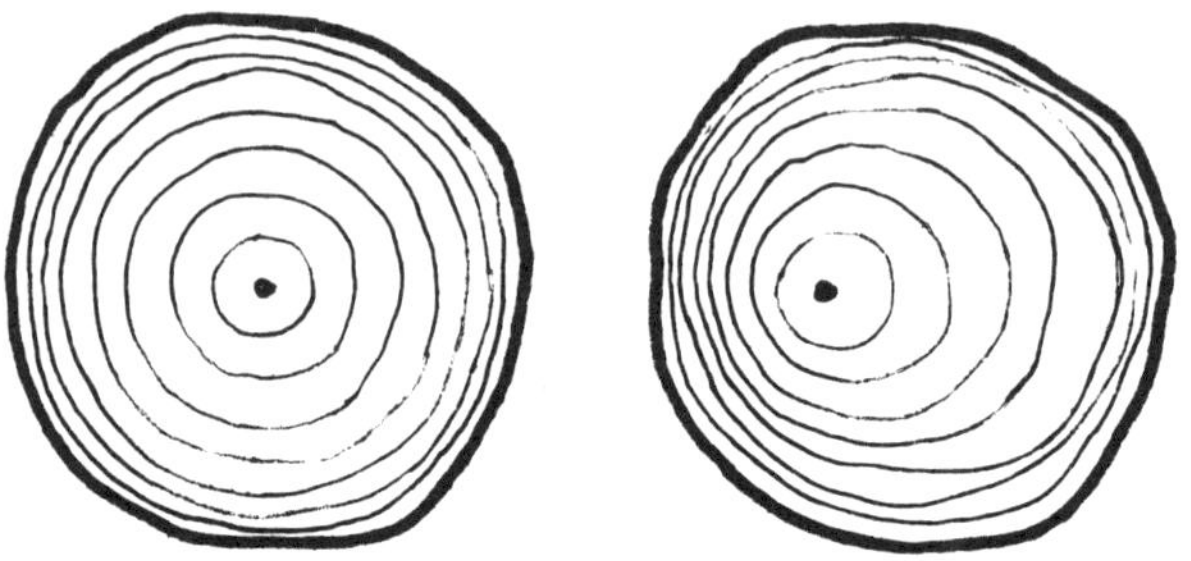

図15 樹幹の年輪成長

はせいぜい四〇〇～五〇〇本に密度調整しなければならないのだから、あえて伐った八〇〇本の中のいいものをおしがるよりも、まだ一六〇〇本も残っている中からさらに選別した四〇〇～五〇〇本を残せば十分成長形質が優れた林分に仕立てられる、というのが私の理屈だった。

しかし、当時の列状間伐批判者や地元営林局はその後も列状間伐を採用することはなかった。一方、県行造林地をはじめ県下民有林のカラマツ拡大造林地域においては、その後も引き続きこの列状間伐が広く採用されてきた。実際、その後労働力がさらに不足していくなかで、このとき列状間伐された林は第二次の間伐も施されて現在は立派な林になっているが、批判しながら間伐を実施しなかった周辺のカラマツ林はいま大変な惨状を呈している。

なお、こうした経緯のなかで、昭和五三年の暮れ、帯広営林支局から届けられた一冊の報告書『カラマツ林の施業』を手にしたときは、列状間伐の成果についてなお一抹の不安を抱いていた私にとって、この上ない喜びであった。あの根釧原野に広がる八〇〇〇ヘクタールに及ぶカラマツ一斉造林地「パイロット・フォレスト」のほぼ全面に列状間伐が施された情報が伝えられたからである。

以来、今年を含めて五たび現地を訪れる機会を得たが、列状間伐後、第一～二次にわたる間伐を経たカラマツ林は林齢四〇年を超えはじめ、樹高が二〇メートルに達する林分も現れはじめて全域にわたっておおむね健全な林相を呈してきている。わが国の林業事情は戦後最悪の難

列状間伐後27年を経たカラマツ林（高遠町県行造林地）

局を迎えてはいるが、こうした戦後造林地の成果が問われるのはこれからが正念場である。現地スタッフの苦闘を偲びながら、成熟期を迎え始めたパイロット・フォレストの前途を心して見守っていきたい。

保残木マーク法

それ以降、県内のあちこちの民有林に列状間伐は普及していったが、昭和五二年に岐阜との県境にある県下最南端の根羽《ねば》村でスギ林の間伐について相談を受けた。

当時、カラマツはスギやヒノキとは比べものにならないほど安い材だったので思い切った間伐もできたが、スギを頼まれて考え込んでしまった。それでも、とにかく見に行くことにした。まだ高密度管理の名残が浸透していた頃で、根羽村でもスギの優良小径材生産をめざしており、委託を受けた二〇年前後の区有林の樹高は一四～一六メートルぐらいになっていたが、ほとんどの林はビッシリと混み合っていて林の中は暗く、七、八割の下枝が枯れ上がってしまっていた。根羽村ではすでに人工林率が七〇％を超えており、その七〇％近くがスギだった。いくら高密度管理とはいっても少しは抜いていたが、カラマツと違ってスギの小径材は各地でダブついてしまっていて、あまり高値では取引されない。根羽村は豊橋市場まで一〇〇キロもあって、間伐して運んでも運賃も出ず間伐材生産の収支は長いこと赤字だった。

私は、さてどうしたものかと思案した。いくらなんでもカラマツのように列状間伐で抜くのはためらわれた。とりあえず根羽村の中で自慢できる山を案内してもらうことにして、当時の助役さんの山に出かけた。根羽村は地位が良くて、高さは三〇メートルを超えていたが、七〇年生のスギ林の太さは三〇〜四〇センチぐらいしかないのに、村一番の優良林分といわれていた。

調べてみると、生立本数は一ヘクタール当たり八〇〇本を超えており、樹高三〇メートルの林としては著しく混み過ぎで、下枝は八〇%以上も枯れ上がっており、立ち枯れも目立っていた。立木の材積は一ヘクタール当たり実に一〇〇〇立方メートルを超えていたが、高さの割合に直径が小さく、形状比は九〇〜一〇〇倍を超えていた。

せっかくの自慢の山であったが、もっと太っている山はないかと尋ねると、「あまり自慢できないが」と前置きしてK部落有林となっている浅間神社の山に案内された。すくすくと太った五〇〜六〇センチもある太いスギ林だった。話を聞いてみると、助役さんと同じぐらいの年齢の山だが、神社林は部落の水道の整備や社殿の普請など、なんだかんだと物入りになるとこの山の木を抜き伐って用立てていたため、結果的に間引きされた形になり、林の密度が薄くなって一本一本の梢が豊富であったため太く育っていた。つまり、根羽村は本来地位が良くて樹高も高くなるし、密度管理が適正であれば十分に太くもなる、大径材がつくりやすい村だということがわかってきた。助役さんの山も、林縁（一番外側の木）だけは枝も多く、よく太っていた。当時でも、スギの高齢大径木（樹齢七〇～八〇年生以上、胸高直径五〇～六〇センチ以上）は銘木扱いで、立木一本の価格が数万円からなかには数十万円もするものもあった。

当時、日本中がスギ・ヒノキの小径優良材生産という名の元に「枝打ち優先、間伐後回し」の手入れが普及し、一律に同じような細い材をつくっていた。大径木が乏しくなったため、短期的に有利な柱材生産に集中したためである。私は「市場から遠いこの村が生き残るためには、他の産地でやっていない大径木を仕立てて一本一本に付加価値をつけるべきではないか」ともちかけた。

間伐の委託を受けた区有林のスギ林は当時一九年生の林だったが、大径木にする伐期を五〇～六〇年と想定して、最終的には一ヘクタール当たり三五〇～四〇〇本を残せば直径四〇～五〇センチ以上には仕立てられることを強調して、大径木仕立てを目標とした間伐を提言した。間伐前の二四〇〇本の生立本数のうち、最初の試みでもあったので少し多めの六〇〇本を六〇年の伐期まで保残することにして、成長形質の優れた木を選んでポリテープを巻いた。しかし、テープを巻き終わった段階で異論が出た。それは巻かなかった残りの立木全部を一気に伐るのかと勘違いされたからであった。

私は「いやいや、そうじゃない。この印をつけた木の成長の邪魔になる木だけを今回伐ろう」

と説明した。収穫まで残す予定の木に覆いかぶさったり、枝がすでに触れ合っていたり、邪魔になっている木をまず伐ろう。そして、邪魔になっていないいし、最終的に収穫するわけでもないどちらでもいい木は、そのときどきの状況に合わせて随時収穫することにした。

つまり、森林の管理者や所有者が間伐をこれ以後もできる可能性があるならば、保残木の成長に邪魔でない木はとりあえず残しておいて、以後市場性のある太さに達したものから随時収穫して、六〇年生頃までに最終本数が六〇〇本程度になるまで間伐すればよいわけだ。間伐に先立ってまず二四〇〇本の中からできるだけ太くて、できるだけ真直な保残候補木六〇〇本を選んで印をつけ、これら保残候補の成長に支障を及ぼす恐れのある隣接木を、成長・形質の良

ポリテープによる保残候補木の印しづけ

し悪しにかかわらず優先して抜き伐ることとした。結果として間伐対象木の本数は八〇〇〇本ほどが選ばれ、一六〇〇〇本が残った。したがって、最終伐期までの間に間伐を要する木はなお一〇〇〇本ほどもあることになった。

ところが、間伐後の懇談会の席上で区の長老から「おめさんら、えらい伐ってしまったな」ときついお叱りを受けた。林が若いうちから数回にわたって枝打ちを優先し、小径優良材を目指してきた経緯もあって、当然の異論とは思われたが、私としては理論的にはかなりの自信があったので「いや、一〇年ほど待ってください。必ずいい山になりますから」と懸命に説得した。

その後、毎年調査に出かけて行ったが、わずか二年たったとき、あのお叱りを受けた長老から、「おめさん、あれはいいぞ。おれんとこの区はみんなあの方式でやることにした」と言われた。間伐したことで木と木の間に空間ができて、枝が元気に伸びた。二年間でもわかるぐらいに林の状態が良くなっていたわけだ。

列状間伐でもそうだったが、この方式で伐ると、間伐材のなかには形質のいい材もかなり交ざって出材した。これまでのセオリー通りの間伐だと、どうしても成長形質の悪いものから順次間引くことになる。したがって、出てくる材は形質は悪いし、細いものが主体なので、まったく高く売れずに事業収支はいつも赤字になっていた。ところが、今度はいい材も交じって出材したので、市場にもっていったら初めて間伐材で黒字になった。これも心理的には賛同が得られた大きなきっかけだった。やはり、間伐事業をやるからには、収支が酬われることは無視できない影響がある。

「一〇年待ってくれ」と言ったが、一〇年どころではなく二年後にはこうした間伐法が高く評価された。このときから林業立村を標榜してきた根羽村では村是としてスギの大径材生産をかかげ、森林組合と一体化して手遅れている間伐の推進と間伐材の有効利用を図ることとなった。

こうした最中、昭和五五年の暮れから翌年の正月にかけて、石川県能登地方のスギ林に大害をもたらしたいわゆる「五六雪害」が発生し、雪害対策の一環としてスギ林分における雪害対策の検討を委託された。天災とも考えられる豪雪害ではあったが、再三にわたる現地調査の結果によると、ほとんど根羽村に類した高密度なスギ林分に被害が集中しており、林分の高密度管理が異例な豪雪と重なって激甚な災害をもたらしたものと判断された。

豪雪地帯でありアテ（アスナロ・ヒバ）林業地帯でもある能登地方を意識すると、一挙に本数率で五〇〜六〇％にも及ばざるを得ない在来の間伐法を適用することはためらわれ、さりとて他に名案も見当たらないまま雪害対策試験地の設定に際しては、県林務関係者に十分解説したうえ、根羽方式の間伐法を推奨した。

根羽村並びに能登地方における「高密度スギ林分の取扱いについて」の報告書をとりまとめ

るに際して、いわゆる根羽方式の間伐法をとりあえず「保残木マーク法」と命名したまま、この名称が今日に至っている。

保残木マーク法は前述したように、いろいろな隘路を打開するひとつの手段として発想してきた方策である。

本法の適用にあたっては、後掲の「保残木マーク法による間伐の手順」に述べるように、間伐に先立って間伐をしようとする林の樹高成長を予測したうえ、将来六〇年生頃の適正な仕立て本数を予定し、立木の配置があまり偏らないように、林内でできるだけ太くして、できるだけ真直な木を選んで保残候補木としてマークし、第一次の間伐ではこれら保残マークした木の生育に支障を及ぼす恐れのある隣接木を成長形質の良し悪しにかかわらず優先して抜き伐る。同時に将来収穫の見込みがないと思われる成長や形質の劣るものも整理する。

本法は、
一、林の混み具合や樹種に関係なく実行できる
二、生産目標が間伐を契機により明確にとらえられる
三、保残木の成長を妨げる隣接木が除去される
四、間伐木の選定が容易である
五、市場性の高い間伐材が得やすい

などの利点があり、従来の間伐法や間伐率にあまりこだわらずに実行しやすい。また、間伐材を収穫する場合には、これら支障木のほかに保残マークしてない市場性のある良質木も伐り増して伐出収支の補塡も図りたい。

特にスギやヒノキのように柱適寸材（胸高直径二〇〜二四センチ）が有利に処分できる樹種は、マーク外の立木が柱適寸に成長するのを待って、次期以降の間伐によって随時収穫することとし、同一林分内において年輪のつまった良質な柱材仕立て（マーク外の木）と大径材仕立てとを併用させた有利な経営が可能である（同齢、同一樹種による二段林施業とも考えられる）。

その後、保残木マーク法は昭和五六年に施行せざるを得なくなった「間伐促進緊急対策」との関連もあって、根羽村全集落を対象とした三十数回に及ぶ実地研修会をはじめ、県内各地や北海道、新潟、石川、福井、群馬、山梨、静岡各県での普及にも努めてきた。しかし、間伐の方法論としては認められても、間伐をめぐる林業事情の悪化が災いして、間伐未済のまま放置された人工林の面積は年々累増の一途をたどるばかりである。

外材比率の上昇と国産材生産量の低下、国産材価の半減、専業的な林業従事者数の減退、間伐材需要の不振、等々の現実を目のあたりにすると、技術論の空しさは一入である。

ちなみに、保残木マーク法発想の地である根羽村においても、間伐がほぼ適正に行なわれたと見なされる林分は、村の懸命な努力にもかかわらず全森林面積の二〇％程度に止まり、つい先頃実施された間伐研修会では、いまだ試行の段階ではあるが、四〇年生を超える林分に対しては二残一伐の列状収穫（林齢や径級の大きさはすでに間伐の段階を越えている）の適用を提案し、その実践に踏み切った。材価、生産コスト、労働力等を総合的に勘案すると、数千ヘクタールに及ぶ根羽村のスギ林はカラマツ林で列状間伐に踏み切った当時と同じ発想で対峙せざるを得ない状況に迫られている。

（補足）保残木マーク法による間伐の手順

一、林の調べ方

①標準調査区の設定

全林調査が可能であったり、入用なデータのみの測定で足りる場合などでは必ずしも区画調査の必要はないが、広い面積で長期にわたり森林の維持管理を続けていくためには、次のような固定調査区（プロット）を設けておき、経営上の参考指標とすることが望ましい。

まず施業対象とする林の中で混み具合や木の大きさが標準と思われるところを選んで、水平距離二〇メートル四方（木の高さが一二～一三メートル以下の林では一〇メートル四方でもよい）のほぼ正方形の区画をとり（傾斜地では付表1によって傾斜方向の長さを水増しする）、四隅に杭を打ち、ポリテープなどで区画を明らかにする。

②立木調査（毎木調査）

区画内の立木の本数を数える。できれば付表2のような調査野帳を用いて、樹種別に二センチ括約（一～三センチを二センチ、三～五センチを四センチ、五～七センチを六センチ……で代表させる）による胸高直径階別の本数を数えておき、施業上の参考資料としたい。直径の測定には輪尺または直径巻尺（直径測定用具）を用いる。

付表１　標準プロットの斜距離補正値

傾斜角	0°～10°	～15°	～20°	～25°	～30°	～35°	～40°
20（m）	20.0	20.5	21.0	21.5	22.0	23.0	24.0
10（m）	10.0	10.3	10.5	10.7	11.0	11.5	12.0

注）傾斜角については右図によりおよそ判定する。

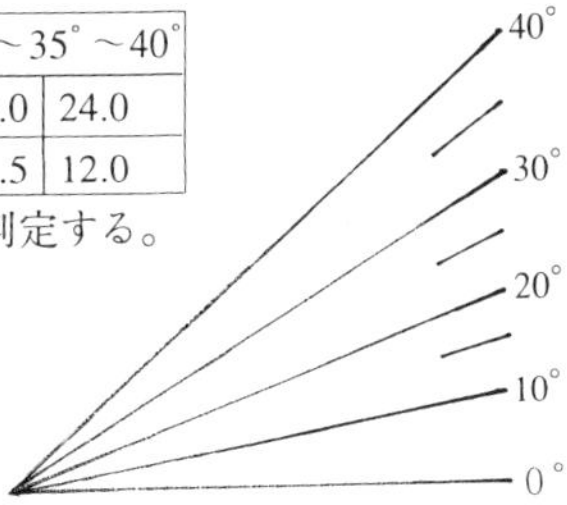

付表２　現況調査表

林小班　根場③樹種スギ　所有者名 藤城長太郎　調査Ｓ.63年８月23日

直径（cm）	本数（本）	樹高（m）	材積（m³）	摘　要
12	5	13	0.39	調査面積　0.04ha
14	13	15	1.56	林　齢　29年
16	16	16	2.56	ha当本数　1850本
18	17	17	3.57	平均直径　17.5cm
20	15	18	4.20	樹高 平均 16.6m
22	7	19	2.45	樹高 上層 18.2m
24	1	19	0.41	ha当材積　379m³
				枝下高　11m
計	74	1227	15.14	地位指数　23
平均直径17.5		16.6	0.20	密度（Sr）12.8
ha当り（×25）	1850		379	林分形状比 95

付表３　地位指数別60年生頃の上層木適正保残本数ほか

地位指数	60年生時上層樹高		60年生頃の適正保残本数（本）			平均樹間距離	相対幹距比
	スギ・ヒノキ	アカ・カラマツ	1ha当り	20m四方	10m四方		
18未満	17～21m	18～22m	800前後	35	8～9	3.4m	18.0
18～20	21～23	22～24	600前後	24	6	4.1	18.0
20～22	23～26	24～26	500前後	20	5	4.5	18.0
22～24	26～28	26～28	400前後	16	4	5.0	18.5
24～26	28～30	28～31	340前後	14	3.5	5.4	18.6
26以上	30以上	31以上	300以下	12	3	5.8	18.7

区画内の総本数を二〇メートル四方の場合は二五倍、一〇メートル四方では一〇〇倍すれば、一ヘクタール（＝一町歩）当たりの立木本数が求められる（林業では一ヘクタール当たりに換算した値を必要とすることが多い）。

③樹高と林齢の調査

区画の中かその周辺で、樹高が上層にあり、抜き伐りしてもよさそうな木（曲がっていても細くてもかまわない）を三本ほど根元から切り倒し、年輪の数と倒した木の長さを測る。年輪の数が林齢であり、長さの平均値が上層樹高である。

④地位（指数）の判定

③で得られた林齢と上層樹高それぞれの値を付図1の樹種別樹高成長曲線図に当てはめてその交点を図上に印しする。この印に最も近い曲線を右上がりにたどると右端の〇印の中の数字がこの林地の地位指数である。地位指数とは、この林が四〇年生になったときの上層樹高（メートル単位）で、この値が大きいほど伸びのよい林（地位が優れた林）であり、逆に小さいほど伸びが悪い林（地位が劣る林）である。

また、この曲線が五〇年生あるいは六〇年生の縦の線と交わる点を左水平方向にたどると、この林が五〇年あるいは六〇年になったときの上層木の高さをほぼ推定できる。

⑤林の混み具合（林分密度）の測定

②で求めた一ヘクタール当たりの立木本数と③で求めた上層樹高の値を付図2の密度判定図（スギ、

ヒノキ）あるいは（アカマツ、カラマツ）に当てはめ、両者の値の交点を図上に落としてこの林の混み具合を判定する。

図上の交点が、図中に描いた右下がりの太い曲線より下にある場合は、密度管理が行き届いた林とみなされるが、この太線より上にある場合は「過密」であり、なお細い曲線より上にある場合は「著しく過密」と判断され、特に後者の場合は早急に抜き伐り（除伐あるいは間伐）して密度の調整を図る必要がある。

二、間伐による密度管理の方法（付、普通間伐法および三分の一列状間伐法）

①普通間伐法

従来普及してきた間伐法で、五～六年おきに成長・形質が劣る林木を順次抜き伐りすることによって、林分全体の資質の向上が図られる。

各回の間伐率は普通生立本数の三〇％程度で済まされるが、間伐が手遅れて著しく過密な場合には、第一次の間伐は四〇～五〇％あるいはそれ以上にも及ぶ強度な間伐率を適用し、少なくとも付図2に示した太線程度まで本数調整するのでなければ、間伐の効果は期待できない。

②三分の一列状間伐法

従来、カラマツの過密林分（将来保残予定本数の三倍程度以上生立している林分）の第一次間伐に限って適用される間伐法で、二列おきに一列をまったく機械的に列状間伐する（間伐率は本数・材積とも三三％)。

残存列にはなお将来保残予定の二倍程度以上の本数が生立するので、第二次間伐に普通間伐法あるいは保残木マーク法を適用することによって、他の間伐法に劣らない林分に仕立てられる。

これからは、広大な過密林分を抱えたスギの収穫間伐法としても採択されることが望まれる。

本法は、間伐木の選定や伐倒が効率的であるうえ、間伐材の搬出もきわめて容易で、省力的かつ有効な間伐法である。

③保残木マーク法

本法は、間伐に先立って対象林分の樹高成長の良し悪しを付図1を用いて判定した後、将来六〇年生頃の主林木適正仕立て本数を付表3の値程度に予定し、立木の配置を考慮しながら、プロット内で成長・形質が優れた立木を選んで保残候補木としてマークする（ポリテープあるいはカラースプレーによる)。

第一次の間伐はまずこれら保残マーク木の成長に支障を及ぼすおそれのある隣接木を優先して、形質の良し悪しにかかわらず抜き伐る。同時に将来収穫の見込みがないと思われる成長・形質の劣るものも整理する。

その他の立木は保残木の成長に影響することが少ないので、副林木として適宜保残しても差し支えない。伐り捨て間伐の場合は第一次の間伐によって応急の目的は果たされる。

また、間伐材を収穫対象とする場合には、これら支障木のほかにマーク外の良質木も加えて、伐出収支の補塡を図る。

特にスギ、ヒノキのように柱適寸材が有利に処分できる樹種は、マーク外の立木が柱適寸（胸高直径二〇～二四センチ）に成長するのを待って、第二次以降の間伐により随時収穫することとし、同一林分内において年輪がつまった良質な柱材仕立てと大径材仕立てとを併行させた有利な経営が可能である（同齢同一樹種による二段林施業とも考えられる）。

少し経験を積めば、付表3や付図1、2などに併記してある平均樹間距離を基準に保残候補木を選ぶことにより、標準プロットを設定しなくても実行することが可能である。

本法の特徴として、
一、林分の疎密度や樹種に関係なく実行できる
二、林分の仕立て目標が間伐を契機により明確にできる
三、保残木の成長を阻害する隣接木が確実に除去される
四、間伐木の選定がきわめて容易である
五、市場性の高い間伐材が得やすい
などの利点があげられる。

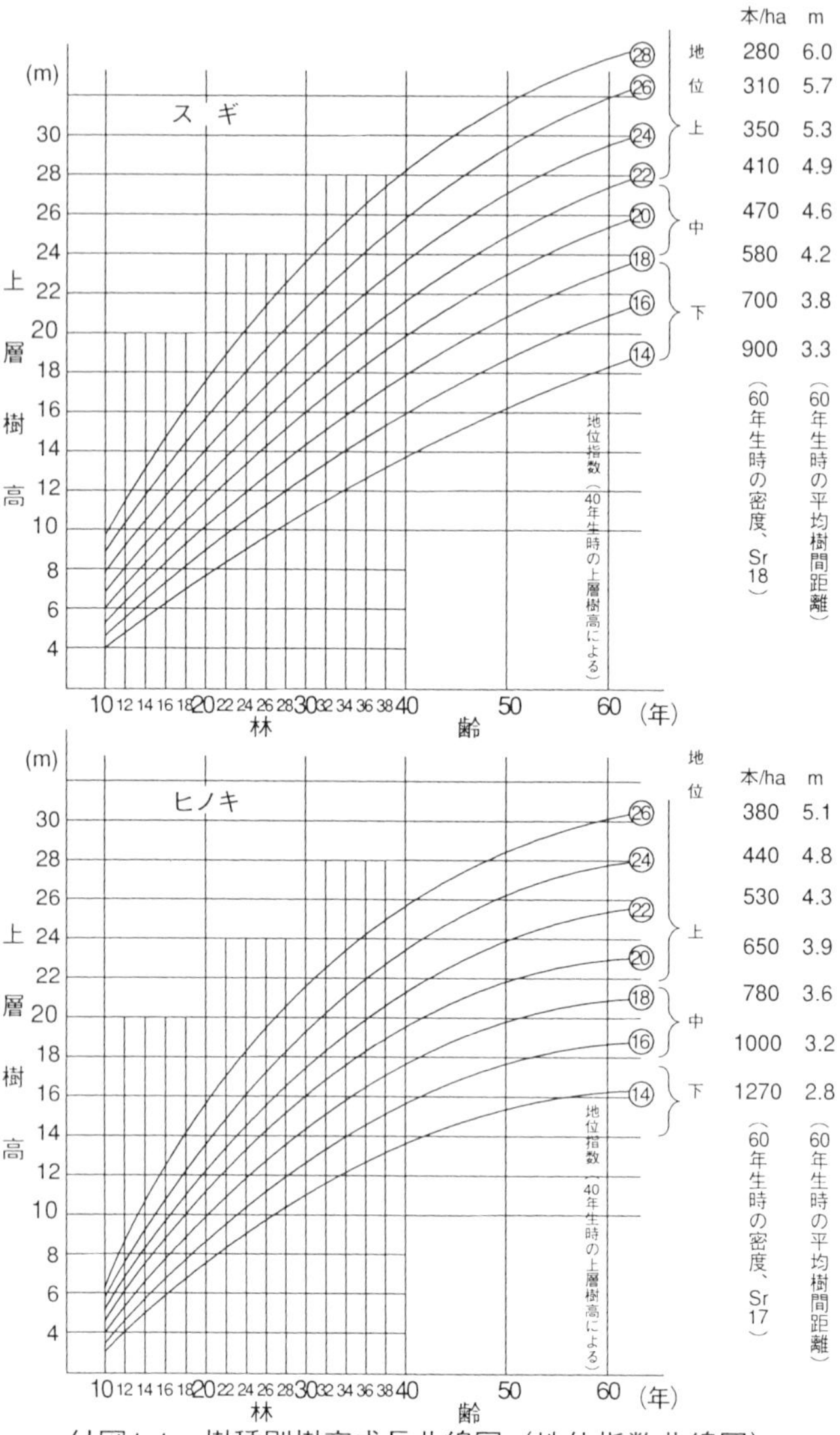

付図1-1　樹種別樹高成長曲線図（地位指数曲線図）

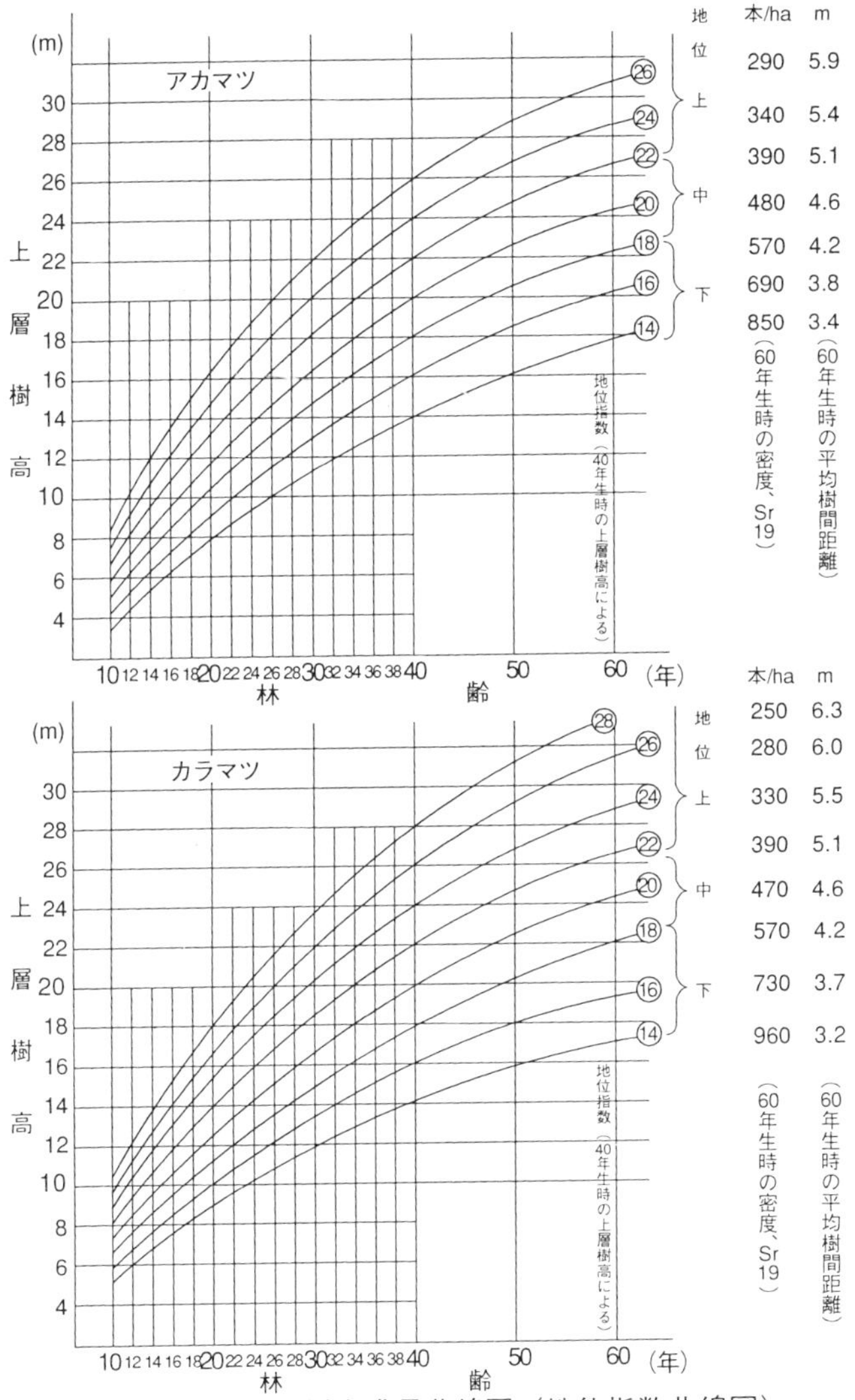

付図1-2　樹種別樹高成長曲線図（地位指数曲線図）

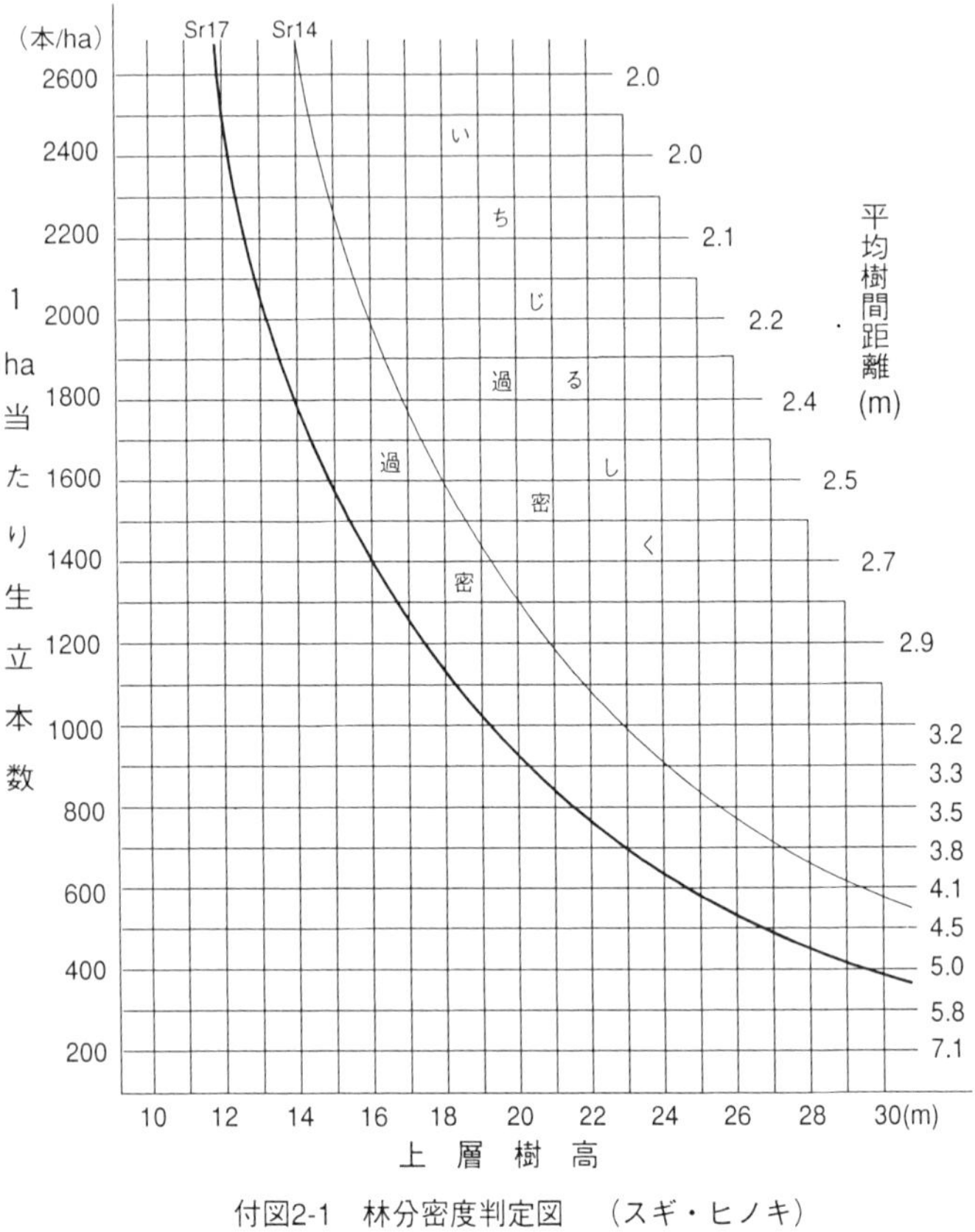

付図2-1　林分密度判定図　（スギ・ヒノキ）

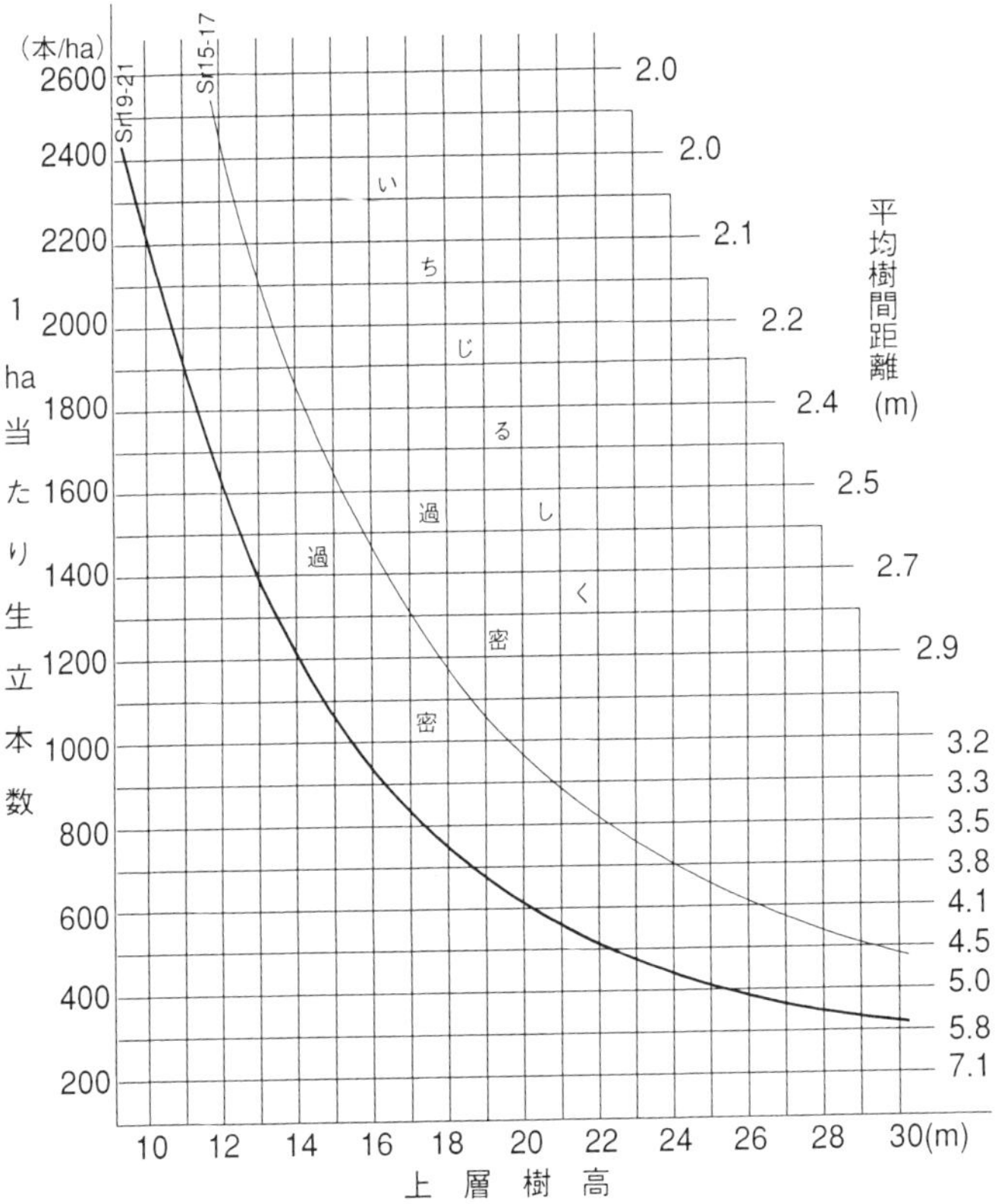

付図2-2　林分密度判定図　（アカマツ・カラマツ）

エピローグ　林政立て直しの道筋

一九九九年末に本書が刊行されて、既に丸一〇年を経た。

私個人としては、引き続き参画してきたKOA森林塾や島崎山林塾をはじめ、その後係わってきた岐阜県立森林文化アカデミー（二〇〇一〜二〇〇三年、特認教授）、トヨタ・オイスカ森林塾（二〇〇一〜二〇〇五年、専任講師）、とよた森林学校（二〇〇六年〜現在、校長）などで、延べ数百人にも及ぶ学生や塾生の皆さんと日本林業の行く末を案じながら、携わった山々の整備（主に手入れ不足な森林の間伐）や生産材の利活用（各種用材をはじめストーブ薪、木炭、小屋掛け材の供給など）を果たし、おしなべて愉快な山仕事を続けてはきた。

しかし、当時抱いていたわが国の森林や林業に関わる危惧の念はほとんど払拭されることなく今日に至っている。一〇年前、本書の「プロローグ」に「環境問題が強く問われはじめてすでに一〇年、二〇年にはなろうが、状況の悪化は募るばかりで、一向に改められる気配はうかがわれない」「日本の森林がこれほどまでに駄目になったのは、関係してきた人々の考え方や行動の問題であろう」と書いたが、状況はほとんど改善されていない。

私は一九七〇年前後から、戦後一挙に拡大したわが国人工林での間伐問題の前途を憂慮して、再三にわたって実践的な提案を試みてきたが、関係機関の対応は鈍いものであった。一九八一年に発令された〝緊急間伐対策〟をはじめ様々な強化策の施行にも関わらず、絶対的な要員の不足、森林所有者の山離れ、間伐材に対する材価や需要の低迷に遭遇してその実績は大幅に立ち遅れ、この十数年来、山林荒廃の風潮が巷間《こうかん》にまで伝えられてきた。また、少子高齢化現象の進行とも連動して限界集落の増大も伝えられ、農山村社会の存続さえ危ぶまれる深刻な時代を迎えている。

この一〇年間、森林・林業の危機的な状況が募りつつあった時代背景の後押しもあって、本書は五刷を数え、お読みいただいた皆様のご支援には感謝の言葉もありません。数年来、拙稿の欠を補って、日本の森林・林業の在るべき未来像について関係する皆さんと共有し得るような記述をしたいと願ってはきましたが、たまたま今年（二〇一〇年）三月の末、川辺書林より第六刷の機会に増補等を考えてはとの意向が伝えられました。

そこで、日頃気がかりであったいくつかのテーマに絞って、このエピローグを記しました。

各項ともわが国林政の根幹にも関わる事柄であるだけに、手元にある資料だけでは必ずしも正鵠《せいこく》を射ることはできないが、せめて論議の火種になればと願うところです。

国有林・公有林・私有林の現況

国政を司るうえでは各種の統計数値があり、これらに基づいて時代背景に照らしながら様々な政策が施行され、改変されて今日に至っている。

森林や林業の分野においても例外ではなく、旧来その掌に携わる関係者でさえ消化しきれないほどのおびただしい統計が存在し（年報「林業統計要覧」だけでも一六〇表あまり）、統計手法の精緻化なども伴って、必要な施策の根拠となっている。また林業統計の特性は、林木一代の寿命が数十年、ときに百年余にも及ぶ遠大な自然を対象としているだけに、他の産業とはかなり異質な分野と考えられる。

そうした数多い統計表のうち林政の在りかたを検討するに当たっては、林業統計の頭書に掲げられている「我が国の森林資源の現況」を重要視し、諸懸案を検討するための原点とすることを改めて提言したい。

表1は平成二〇年版『森林・林業白書』の参考付表4の統計値である。各種林業統計書の筆頭にはこの資源表が掲げられているが、諸施策の原典として読まれることはほとんど無いよう

表１　我が国の森林資源の現況①（単位：千 ha、万㎥）

区分			総数		立木地				無立木地		竹林面積
					人工林		天然林				
			面積	蓄積	面積	蓄積	面積	蓄積	面積	蓄積	
総数			25,121	404,012	10,361	233,804	13,349	170,086	1,255	122	156
国有林	総数		7,838	101,129	2,411	36,824	4,770	64,209	656	97	0
	林野庁所管	総数	7,641	98,961	2,384	36,419	4,633	62,445	624	97	0
		国有林	7,524	97,163	2,289	34,649	4,630	62,424	604	90	0
		官行造林	107	1,791	95	1,770	3	21	10	0	0
		対象外森林	10	6	0	0	0	0	10	6	0
	その他省庁所管		197	2,169	28	405	137	1,764	32	0	0
民有林	総数		17,283	302,883	7,949	196,980	8,579	105,877	598	26	156
	公有林	総数	2,796	43,301	1,232	25,483	1,426	17,802	133	16	5
		都道府県	1,200	17,450	476	9,021	665	8,419	59	11	0
		市町村・財産区	1,596	25,851	756	16,462	762	9,383	73	5	5
	私有林		14,440	259,035	6,705	171,244	7,126	87,782	461	10	149
	対象外森林		46	548	12	254	27	294	4	0	3

平成 20 年版『森林・林業白書より』

注１）森林法第２条第１項に規定する森林の数値である。

注２）「無立木地」は伐採跡地、未立木地である。

注３）更新困難地は天然林に含む。

注４）対象外森林とは森林法第５条に基づく地域森林計画および同法第７条２に基づく国有林の地域別の森林計画の対象となっている森林以外の森林をいう。

注５）平成 14 年３月 31 日現在の数値である。

注６）総数と内訳の計が一致しないのは四捨五入によるものである。


に思われる。検討しておきたいいくつかの課題を挙げておこう。

　まずわが国の森林所有区分は、明治初期に行われた「官民林区分」によって国有林と民有林との持分が区分けされて以降大幅な出入りは無く、第二次大戦直後の林政統一（農林省所管の国有林と宮内省所管の御料林との合併）、一九九〇年代の営林局署から森林管理局署への改組等の変遷を経て今日に及んでいる。

　国有林は森林面積の三分の一近くを占め、莫大な財力を駆使して明治・大正・昭和期を通してわが国林政の規範的地位を保ち、国有林野特別会計（独立採算制）による収益の多くを一般会計に繰り入れるなど国民経済に多大な貢献を果たしてきた。ところが一九七〇年代中ごろを境に、安価で品揃えされた外材の大量輸入に圧されて国有林収支は赤字基調に転落し、以後事業収支改善のための特別措置なども講じられてきたが、一九九〇年代には累積赤字の総額が三兆八〇〇〇億円にも膨らみ、二兆円余りにも及ぶ一般会計からの補填を仰ぐこととなった。国有林の課題については改めて別項でとりあげたい。

都道府県あるいは市町村（財産区有林を含む）の管理下にある公有林は、面積規模は全体の一〇%余りに過ぎないが、おおむね奥地の国有林と山裾に広がる私有林とのはざ間にあって、森林の維持管理や林業活動をとおして所在地域との結びつきが強い。人工林率の高さはその査証と思われる。ただし市町村有林を対象にその多くが施行されている県行造林、森林開発公団（現緑資源機構）や都道府県林業公社（あるいは造林公社）との分収契約による造・育林事業については、順次契約期間満了の時期を迎える中で厳しい収支のアンバランスが察せられ、その対応が注目される（後述）。

私有林は面積規模で五八%（一四〇〇万ヘクタール余り）に及び、三五万を数える諸団体有林（集落有、会社有、社寺有、団体有、共有）と、二五〇万世帯の個人有林で占められ、面積比率は両者でほぼ折半している。

個人有林は所有面積の零細性が特徴で、一ヘクタール未満の森林所有者（林家）が五八％、一～五ヘクタール層が三一％を占めて両者合わせて八九％にも及ぶ。所有規模が零細であることは自主管理もしやすいはずで、全世帯数のわずか五～六％に過ぎない森林所有者については、本文の「まず問われる零細所有者の責任」（P26）で述べたような手だてを講じることが求められる。ただし、昨今個人有林の整備受託に際して境界が不明確な事例が思いのほか多く、新たな諸施策を講じる上で難しいネックとなっている。先進諸国の中では異例な恥ずかしい事象でもあり、強い私権に関わる事柄ではあるが、所有者の連帯感を醸成する中で大方の合意が得られるような解消策を見出して欲しい。戦後再生してきた森林群の多くが成熟期を迎え始めた今、林業不振を逆手にとって懸案の解決を図りたい。

具体的な解消策としては、実測済みの林分を森林計画図（縮尺五〇〇〇分の一）に当てはめた後、見取り図のままの境界線については計画図上の位置・形状と森林簿上の面積とを勘案して、ある程度強引な線引きを施す以外有効な手だては見当たらない。元来、境界線の確定は隣接者同士の合意にもとづくべき事柄ではあるが、地球温暖化防止をはじめ山地災害防止、水源の涵養など様々な森林の公益的機能の効用も考慮すると、一定程度の公的支援も施して森林整備の推進を急ぎたい。

表2　我が国の森林資源の現況②

所有区分			面積（万 ha）						蓄積（百万m³）			
			総数	占有率（%）	人工林	天然林	人工林率（%）	無立木地	総数	総数	人工林	天然林
										（m³/ha）		
国有林		国有林	753	30.0	229	463	30	60	972	129	151	135
		官行造林	11	0.4	10	1	91	1	18	167	186	70
		他省庁	20	0.8	3	14	15	3	22	110	145	129
民有林	公有林	都道府県	120	4.8	48	66	40	6	175	145	190	127
		市町村	160	6.4	76	76	48	7	259	162	218	123
	私有林		1441	57.7	671	713	46	46	2590	179	255	123
	その他		5	_	_	3	_	_	_	_	_	_
合計			2512	100.0	1036	1335	41	126	4040	161	226	127
（注）右は2010年末の改算値									4750	189	282	138

五〇億立方メートルに及ぶ森林蓄積

表2は表1の統計値を一部アレンジして調整した（平成二〇年版『森林・林業白書』より）。その後数年を経ているが、面積関係の値は計測技術の格段な進歩によって（航測や人工衛星による測位置システムなど）精緻化されていて、経年変動も微小であるためほぼ現実の値が表示されていると見なされる。ただし国有林および公有林では林班並びに小班界をはじめ、樹種別・齢級別の区画についてもほぼ実測されているが、私有林では細部の個人別・樹種別・齢級別の施業区画については造林補助金や伐採届けなどの際順次実測されてはいるものの、いまだその多くが在来の見取り図のままで、現地での境界査定や林道開設など森林の整備を進める上で著しい支障を及ぼしている。

一方、森林蓄積の値についてはその測定方法は確立されているが、面積の場合と異なって、年々の主伐や間伐に伴う材積の減退量と林分個々の蓄積成長量との差による増減量の変化が的確に捕らえにくいこと、一九四九年からおよそ一〇年を費やして全国一斉に実施された森林の一筆調査（施業案編成業務）以降こうした悉皆《しっかい》調査は行われたことはなく、また同調査に携わった経緯（私は一九四九年から長野県下三カ村を担当した）によると、未熟な調査員が大動員されたこともあって調査成果の精粗に大幅な較差があったこと、その後の蓄積成長量は五年ごとに行われてきた「地域森林計画」の改定に際して個々の林分ごとの推定成長率による蓄積増加量を机上（コンピュータによる）で加算してきたこと（すでに十数回に及ぶ）、などの理由によって精度的にはやや劣ることは否めない。

表2は二〇〇二年三月末時点での値であるので、従来の推定成長率によって現在値（二〇一〇年三月末）に改算すると、同表下部に（注）としたようにわが国の総蓄積量はすでに四七億立方メートルを超え、年々の成長量も一億立方メートルに及ぶ段階を迎えていると考えられる。

なお長年各地の林分調査に携わった経緯によると、同表の一ヘクタール当たりの平均蓄積量と比較して現実林分の値は、針葉樹人工林で少なくとも一・二倍、広葉樹主体の天然林では一・五倍を上回る事例が多く、したがってわが国の森林蓄積は既に五〇億立方メートルの大台を超えていると推測される。原因は推定成長率の過小評価あるいは林分密度の過多（等樹高の林では立木密度が高いほど蓄積が多い）などが関係していると考えられるが、森林の維持管理を図っていく上では最も重要な指標であるだけに、できるだけ精度の高い蓄積量の提示が望まれる。

表3　今後10年間に手入れを必要とする森林の推定面積

所有区分	人工林総面積（万ha）	要手入比率（%）	要手入面積（万ha）	天然林総面積（万ha）	要手入比率（%）	要手入面積（万ha）
国有林	242	70	169	478	20	96
公有林	124	50	62	142	30	43
私有林	671	60	403	713	40	285
計	1037	61	634	1333	32	424

調査の方法や手段はそれほどの難事とは思われない。

一〇〇万ヘクタールに一五万人の投入を

表3は表2の面積欄から読み取った数値を基にわが国森林の維持管理に要する森林の面積と要員数の概算を試みた。今後一〇年間程の期間に整備を必要とする森林面積の積算は、国・公・私有林それぞれの立場で異にするが、ここでは想定される手当てを必要とする森林の割合（やや過小な見積もりと思われるが）によって人工林、天然林それぞれについて試算してみた。

結果として、人工林では総面積一〇三七万ヘクタールの六〇%ほどの六〇〇万ヘクタールが、また天然林では一三三三万ヘクタールの三〇%ほどに当たる四〇〇万ヘクタール、合わせて一〇〇〇万ヘクタール余りの森林が少なくとも今後一〇年間ほどの期間に何らかの手当てを要すると概算される。一年間当たりに換算すると一〇〇万ヘクタールにも及ぶ森林整備のノルマが課せられていることになる。

しかし度重ねて述べてきたように，長引く材価の低迷や著しい要員不足、あるいは林家の山離れなどが積み重なって、森林整備の実績は上記した必要面積の三分の一程度にとどまり、国や各都道府県主導の様々な対応策は講じられているものの、山林の荒廃とまで言われる不健全な森林群の増幅が全国各地に伝えられている。

さて、このように国総体での森林の維持管理に必要な仕事量が提示されると、その仕事量を果たすために要する労働量の試算も可能になる。試算の方法には幾つか考えられるが、ここでは、人工・天然林合わせて維持管理を要する一〇〇〇万ヘクタール余りの森林に対して、一人当たり七〇ヘクタールほどを担える優れた要員であれば、一五万人ほどで足りると試算される（一〇〇〇万ヘクタール÷七〇ヘクタール／人≒一五万人、本文160ページ）。

現状は二〜三万人ほどの要員で大幅に積み残された人工林の間伐事業に追われているが、こうした総合判断にもとづく後継者の育成策を早急に講じることが求められる。

伐出要員一〇万人の育成確保

既に述べたように戦後の拡大造林地や天然再生林は順次成熟期を迎え始めており、年々の蓄積成長量も一億立方メートルに近づいていると推定され、本格的な国産材時代を迎える態勢は整いつつある。

ところがここ十数年来二十数％もわが国の木材需給総量が低落する中で、国産材の占める割合は引き続き二〇％前後にとどまり、戦後最低水準と言われるまでに落ち込んだ材価は一向に回復の兆しは伺われない。しかし世界的な人口の急増、化石エネルギーの先行き不安などを背景に、近い将来の木材需給の逼迫は必定で、そのための準備を整えるにはこれからが絶好のチャンスと考えられる。

当面国産材の需給を活性化していくためには需要側の利用拡大を促進することが第一義と考えられるが、そのためにはこれを下支えする優れた伐出組織の育成が重要な課題である。昨今一七〇〇万㎥／年前後にまで落ち込んでしまった生産体制は、全国で四万人足らずに減退した零細集団によって担われていると思量されるが、その一方で一億立方メートル近い年成長量が期待されるまでに成熟してきたわが国の森林群からは、既に年産四〇〇〇〜五〇〇〇万立方メートルの良質な木材を持続的に供給し得る可能性も読み取れる。

過酷な林業労働の中でも最も危険度の高い伐出作業は熟達した技量を備えた担い手に委ねるべきで、単なる員数揃えでは済まされない。そのためにはそうした要員の育成を担える意欲ある指導者の探索と新たな育成が急務である。因みに一人の指導者が一年がかりで五人ずつ順次鼠算式に後継者を育成したとしても、一万人を養成するためには五〜六年を要する。

ここでは近い将来四〇〇〇万立方メートルほどの国産材生産を果たすためには、要員一人当たり年間平均四〇〇〇〜五〇〇〇立方メートルの成果が得られるとして、八〜一〇万人の担い手が必要と試算される。

先に述べた森林の維持管理（主に育林）に当たる要員と合わせると二五万人ほどになるが、出来得れば育林・伐出の区別なく、すべての山仕事を果たせるようなオールラウンドプレーヤーの出現を強く望みたい。

国有林の解体的出直しを

表4は平成二〇年版『森林・林業白書』の参考付表64に掲載された国有林野事業の収支一覧表である。毎年の白書で公開はされているが、改めてその内容を検討してみたい。

まず収入欄では、直接収入科目としては　林産物等収入、林野等売払代、貸付料等収入の三つが挙げられ、間接的な収入として一般会計より受入と借入金の二つがある。一方支出欄では、直接支出科目としては　人件費、森林整備費、事業費の三つと、間接的な支出として　利子・償還金と交付金等の二つが挙げられている。

国有林野事業は長く多額な林産物の収入が総支出額を上回り、その収益の多くが国有林野特別会計（独立採算制）から一般会計に繰り入れられ国民経済に寄与してきた。しかし先にも述べたように一九七〇年代半ばに始まった赤字基調は悪化の一途を辿り、最近では表4から読み取れるようにわずか四〇〇〜五〇〇億円の事業収入に対して一三〇〇億円余りもの直接支出が

表４　国有林野事業の収支（単位：億円）

収入									
科目		平成3年度	8	13	14	15	16	17	18
林産物等収入		1,729	886	256	224	212	207	215	237
林野等売払代		340	600	223	193	179	198	140	99
貸付料等収入		111	122	90	88	82	80	76	74
一般会計より受入		269	569	799	841	995	1,125	1,106	1,734
治山勘定より受入		135	159	140	139	137	136	134	–
地方公共団体工事費負担金収入		–	–	–	–	–	–	–	37
借入金		2,988	3,145	1,182	1,481	1,641	1,715	1,909	2,086
	新規借入金	2,168	2,048	410	300	179	0	0	0
	借換借入金	820	1,097	772	1,181	1,462	1,715	1,909	2,086
合計		5,571	5,482	2,690	2,966	3,246	3,461	3,580	4,268

支出								
科目	平成3年度	8	13	14	15	16	17	18
人件費	2,527	1,850	1,102	987	904	831	760	733
森林整備費	531	336	307	247	298	375	399	453
事業費	408	264	178	165	167	151	148	147
利子・償還金	2,312	3,019	1,019	1,443	1,774	2,008	2,184	2,354
交付金等	111	86	74	72	68	68	65	56
治山事業費	–	–	–	–	–	–	–	459
合計	5,888	5,555	2,679	2,914	3,211	3,434	3,555	4,202

資料：林野庁業務資料
注１）合計と内訳の計が一致しないのは四捨五入によるものである。
注２）H18年度の「貸付料等収入」には「前年度剰余金受入」を含む。
注３）H18年度から「国有林野事業特別会計法の一部を改正する法律」（平成18年法律第９号）の規定により勘定区分が廃止された。これにより、旧治山勘定のうち国が行う直轄治山事業を国有林野事業特別会計で経理している。

投入されている。その差額と二兆円あまりとも伝えられる累積赤字に対する利子・償還金に充当するため、二〇〇〇億円ほどの借入金および一〇〇〇億円を上回る一般会計からの繰入金、合わせて三〇〇〇億円余が計上されている（両者とも年々急増し続けている）。因みに、平成一八年度の国有林野事業に投入された一七三四億円の一般会計からの繰入額は、国民一人当たりでは年々一七〇〇円にも相当し、各県が期限付きで一世帯当たり年五〇〇円ほどの拠出を仰いでいる森林税等を大きく上回っている。

この間、事業収支改善のため幾度か特別措置なども講じられ、かつて八万人体制で築いてきた国有林野事業は数次にわたって人員削減が行われ、遂には長く直営で行われてきた育林および林産等の現業部門はすべて民間委託に切り替えられ、いまや主として管理部門主体の五〇〇〇人体制で厳しい運営が課せられている。

わが国林業界において規範的林政の推進を標榜してきた国有林の役割は、厳しい財政事情の下ですっかり影をひそめ、こうした事態をどう立て直すのか極めて難しい局面を迎えている。「簡素で効率的な政府を実現するための行政改革の推進に関する法律」（平成一八年）において、国有林野事業については平成二二年度末までに一般会計化、一部独立法人化を検討することとされているが、多岐にわたる課題を抱えていることもあって一般国民にも理解が得られるよう、公開の場で幅広い観点から十分な論議が尽くされることを望みたい。

平成一九年に実施された「森林と生活に関する世論調査」によると「国有林に期待する働き」として地球温暖化の防止、国土の保全、水源の涵養、自然環境の保全、保健休養の場の提供など森林の持つ公益的機能の発揮といった点に大きな期待が寄せられたが、これらの機能はすべて一般民有林にも当てはまる事柄である。しかもいずれの項目についてもそれらを実現していくことは容易でなく、格別国有林の特性とは限らない。

多岐にわたる課題に対してすべてを尽くすことは出来ないが、もはや自力脱出が不可能となった国有林の再編は、苦境に曝されている民有林のあり方とも合わせて、とかく上意ばかりが優先されてきた管理運営体制を改め、地方色豊かな民意の醸成を促しながらキャッチフレーズでない本物の「国民の森林」が具現されるような林政への切り替えに期待したい。

分収造林・分収育林の課題

戦前から「公有林野官行造林法」にもとづいて全国の市町村有林を対象に国有林が実施してきた分収造林（いわゆる官公造林）をはじめ、戦後この官行造林の業務を引き継いだ森林開発公団（現緑資源機構）による公団造林、官行造林方式をならった都道府県行造林や各都道府県ごとに設立された林業公社（あるいは造林公社）による公社造林、あるいは国や公社による分収育林事業は、地域林業の振興ならびに森林資源の培養を旨として、わが国林政の重要な柱の一つとして位置づけられてきた。

これらの分収林のうち一九八〇年頃までに契約期限を迎えた官行造林地では順調な材価の高騰にも恵まれて、契約の当事者である国有林、地元市町村双方にとってほぼ満足な分収額（分収歩合はほとんどが五分五分）が得られ、収穫跡地への再造林費も十分にまかなわれたケースが多かった。

ところが、一九五〇年代以降に拡大してきた各種の分収造・育林地では、最近になってようやく契約期間満了の時期を迎え始めたが、戦後最悪とも言われる材価の低迷と伐出コストの高騰期に遭遇し、ほとんどの分収造・育林地での立木価格が負値と評価され、深刻な事態を招いている。当面の対応としては一部に伐期（＝契約期間）の延長も取り沙汰されているが、その間の維持管理費の負担をどうするかも考慮しなければならない。

また、現存の分収林のほとんどすべては契約以降の造・育林費や維持管理費の投入ばかりで、全く中間収入が得られない事態に対してはどのような対応が図られているか明らかでない。わずかな情報によると、林業公社だけでも負債総額は一兆円を超えると聞くが、すべての分収造・育林事業の経営収支や今後の対応については、いずれ国や県などの財源（国民の税金）に仰がざるを得ないと思料されるだけに、一般国民にも理解が得られる丁寧な解説が望まれる。

日本林政の抜本的な見直し

初版の欠を補えればと日頃の想いを綴り始めたものの、わが国の森林・林業に関わる課題は募るばかりで、改めて適切な切り口を求める難しさを実感している。ここで取り上げた幾つかの課題も、当初に述べたようにこの一〇年の間に改まるどころか問題の深刻さにはただならぬ気配さえ感じられる。そうした背景には最近十数年来のわが国経済社会の低迷も深く関わっているが、林業界自らの企業努力が十分でなかったことも否定できない。

国有林野の事業収支や累積赤字、分収造・育林事業の経営収支の課題は、もはや当事者内部の経営努力だけで解消し得る問題ではなく、広く国民の支援がなければ解決のめどは求められない。加うるに一般民有林に対する複雑多岐にわたる補助事業のすべても国民負担に依存している前提では、国・公・私有林の区別なく経営収支の全貌を明らかにし、日本林政の抜本的な見直しを図らなければその立て直しは不可能と考えられる。まず直面している窮状を赤裸々に訴えることである。

そして、戦後昭和の大偉業と位置付けられる一〇〇〇万ヘクタール余りに及ぶ拡大人工林の育成と、同じ程度の規模で存在する広葉樹主体の天然再生林の有効活用を図るための具体的な道筋を明らかにすることが当面の課題であろう。

以上のような記述を踏まえると、日本林政の行方を端的に占うことは至難の業というほかない。国有林野の収支や累積赤字問題、分収造・育林事業の解消策、林家の山離れなどなど、世界一級の森林国が抱えている課題とは思われない。しかもこれらの事象が現状のまま推移するならば問題性はますます増幅しかねない様相も呈している。

国家財政も八〇〇兆円をも上回るほどに負債を抱えその対応に苦慮している今日、従来の延長線上で事が解決できる経済環境は既に遠のいていると認識すべきではなかろうか。懸命に生き続けようとしている日本の緑は日本国民の手で甦らせざるを得ないことは自明の理であろう。

しめくくりとしてひとつの提案を試みたい。

「国有林野ならびに分収造・育林地のすべてを、所在する都道府県あるいは市町村の管理経営に委ね、公有林（都道府県有あるいは市町村有＝民有林）として再生を図る」と。すなわち国有林の分割民営化である。

当面は看板の書き替えだけで移管は可能であろうし、経営管理の進め方は経営収支の全貌が国民の前に明らかにされれば、可能な限りスリム化した地域主導の管理体制への移行はそれほどの難事とは思われない。

合計で数兆円にも累積してしまった林業界の負債の取り扱いは、現状のままでの解消策と比べて格段に対応しやすいと考えられる。

平成の大偉業と言われるようなわが国林政の転換を期待したい。

あとがき

　唯一日本人が胸を張って世界に向かって誇ることができる緑の資産、日本の森林はいま荒廃の危機にさらされている。恵まれた生育環境にありながら、必要な人手が加えられていないからだ。

「甦らせられるか日本の山」をテーマとして、かかわりの深かった日本の山の姿を赤裸々に訴えたかった私のもとに、川辺書林の久保田さんが訪れて下さったのは一昨年の春浅き頃であった。心のこもったお薦めで、日頃の思いを書きとどめはじめたが、現実とのギャップの大きさが私をさいなまして筆が進まず、お約束の一年はおろか、二年を過ぎても原稿を埋めることはできなかった。

　催促がましい言の葉のひとつもなく、ただひたすら待ち望んでおられた温かい心情に圧されて、己の不甲斐なさをかこちながら、本書の脱稿を決意した。プロローグは「伊那路」第五〇九号に発表したもので、第一章から第四章は書き下ろした。

　執筆のひとつの目的であった「日本の森林や林業の実態」については、もっと理詰めでなければならなかったが、私の才の及ぶところではなく、大方は心情的な記述にとどまってしまった。また、私の信条である「山造りはやればできること」も、小見出しが雑多になって、蛇足や寸足らずばかりが目立ち、つたない私の真意が伝えられたかどうか心もとない。

願わくば、読者諸賢のお力をかりて、それぞれが主体となって、一見たわわに眺められる日本の山の本当の姿を、そしてこの恵まれた自然と対峙していかなければならない日本人の心根を、一人でも多くの人々に見据えていただきたいと思います。せめて五年、一〇年先頃には、格段に健やかになった山の中で、生きている喜びを分かち合いたいものです。

なお、記述のなか、森林所有者や森林組合、行政の方々には、私の偏見も含めて不遜な言辞や提言も弄させていただきましたが、かけがえのない人類の資産を育む仲間の一人として、ご容赦をいただきたい。

おわりに、終始お手数をわずらわせた川辺書林の久保田さんには改めて心からお礼申し上げます。また、怠慢な執筆をいつもはらはら見守りながら、なにくれとアドバイスいただいた浜田正幸・久美子夫妻ならびに名取静子さん、この一年余、とかく山の現場を遠ざかりがちだった私を支えて下さった塾生の皆さんや家事と渉外の一切を任せきりだった家内には、報えるような内容が記せなかったことをお詫びしながら厚く御礼申し上げます。

明日からまた気を引きしめて、山の現場に戻りたいと思います。

平成一一年一一月

島﨑洋路

島崎洋路（しまざき・ようじ）
昭和３年長野県駒ヶ根市生まれ。昭和26年信州大学農学部助手、同林学科教授を経て平成６年退官。その後、ＫＯＡ森林塾、島崎山林研修所（山林塾）などでの指導と並行し、中小規模の民有林で数多くの山造りを実践する。農学博士（京都大学）。伊那市在住。

増補版 山造り承ります

1999年12月８日　初版
2005年２月13日　５刷
2010年８月14日　増補版
2018年３月４日　増補版２刷

著　者　島崎洋路
発行者　久保田稔
発行所　川辺書林
長野県須坂市米持153-5
電話 026-247-8856
印　刷　フォトオフセット協同印刷

ISBN978-4-906529-66-7 C0040